NEWTON PRESS
兒童伽利略 ❻

地球學校

人人出版

前言

大家好，
我叫「小紅豬」，
是《兒童伽利略》科學探險隊的小隊長，
主要的任務就是推廣有趣的科學。

「兒童伽利略系列」
是《伽利略科學》新推出的青少年科普讀物。
每冊探討一個跟科學有關的主題，
用簡單明瞭又有趣的方式介紹給各位。

小紅豬

本冊的主題是「地球」。

一聽到地球，大家會聯想到什麼呢？
舉例來說，我們平常腳下踩的這片大地、
夏天可悠遊其間的大海，一開始都是不存在的！
人類的生命也是在某個時期才誕生，並逐漸演化形成。

接下來就跟我的隊友「小藍兔」
一起來探索不可思議的地球大小事。
讀完本書的內容後，
你肯定會更加珍惜地球上的生命與自然萬物。

2025年4月
小紅豬

小藍兔

目次

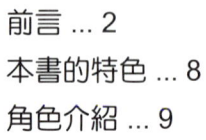

前言 ... 2
本書的特色 ... 8
角色介紹 ... 9

地球照相館

地球的生命源自於海底？ ... 10
地球最初的「氧氣工廠」 ... 12
擁有悠久歷史的巨岩 ... 14
地球上的「儲水庫」 ... 16
噴出的熔岩 ... 18

第 1 節課 地球的構造

01 地球位於距離銀河中心約3萬光年之處 ... 20
02 地球是太陽系八大行星的一員 ... 22
03 地球是八大行星中內部結構最密實者 ... 24
04 地球的形狀是一顆赤道處稍微隆起的球體 ... 26
05 地球的表面覆蓋著十幾個板塊 ... 28
06 山脈和火山都是板塊運動的產物 ... 30
下課時間 巨大地震會發生在板塊的交界處？ ... 32
07 地球的中心約有400萬大氣壓及6000℃ ... 34
08 地球內部的熱對流會讓地函慢慢移動 ... 36
09 深入海底調查地球內部的鑽探船「地球號」 ... 38
10 地球就像根巨大的磁棒 ... 40
11 極光是太陽「風」與大氣相撞後的發光現象 ... 42
12 地球上97%的水都在海洋中 ... 44
13 地球的大氣層並非越高空溫度越低 ... 46
14 由大氣環流和洋流所形成的地球氣候 ... 48
下課時間 地球以前的氣候是如何呢？ ... 50

第 2 節課　地球是顆奇蹟星球

01 太陽的壽命長到足以讓地球孕育生命 ... 52
02 地球繞著一定的軌道公轉 ... 54
03 地球「只需」24小時就能轉一圈 ... 56
04 地球上具有能孕育生命的液態水 ... 58
05 地球位於液態水得以存在的絕佳位置 ... 60
06 地球的自轉軸擁有絕妙的傾斜角度 ... 62
07 二氧化碳在調節地球氣溫上扮演重要的角色 ... 64
08 地球是太陽系中含氧量最高的行星 ... 66
09 地球是唯一適合居住的行星嗎？ ... 68
　下課時間　地球可能會變得和金星一樣！ ... 70

第 3 節課　地球原來是這樣誕生的

01 地球的歷史可大致劃分為前寒武紀及顯生宙 ... 72
02 地球是約45.4億年前在微行星反覆撞擊下發展而成 ... 74
03 月球是在火星大小的原行星與原始地球碰撞後形成的 ... 76
　下課時間　月球的引力會導致海平面的升降？ ... 78
04 陸地在40億年前形成，海洋在38億年前出現 ... 80
05 最初的生命誕生於海洋？ ... 82
06 最初的生命演化成擁有DNA的共同祖先 ... 84
07 地球的氧氣在24億～20億年前急遽增加 ... 86
08 超大陸「妮娜大陸」形成於19億年前 ... 88
09 約6億年前擁有較大身形的多細胞生物誕生 ... 90
10 約4億年前出現了具有頜骨的大型魚類 ... 92
11 約4億年前地表上覆蓋著大片蕨類植物森林 ... 94
　下課時間　森林最終會變成煤炭？ ... 96

第4節課 陸陸續續出現的生物

- 01 2億6000萬年前存在的超大陸「盤古大陸」 ... 98
- 02 陸地移動和山脈形成皆是由板塊運動所造成 ... 100
- 下課時間 何謂「大陸漂移說」？ ... 102
- 03 火山活動和缺氧導致生物大滅絕？ ... 104
- 04 恐龍並非一開始就位居生態系的頂端 ... 106
- 05 恐龍在侏羅紀到白堊紀期間於陸地上繁衍壯大 ... 108
- 06 6550萬年前的小行星撞擊造成了恐龍的滅絕 ... 110
- 07 逃過滅絕的哺乳類出現了爆發式的增長 ... 112
- 08 聖母峰是5000萬年前因大陸板塊相互碰撞而形成 ... 114
- 09 人類的腦越來越發達，直到30萬年前才有現代人類出現 ... 116
- 10 生物約在41億～38億年前誕生，5億年前所有的現生生物已全數出現 ... 118
- 11 曾經豐饒的生物多樣性正在急速減少中 ... 120
- 下課時間 何謂天文生物學？ ... 122

第5節課 地球是擁有海洋的行星

- 01 海洋是何時及如何形成的至今仍未確知 ... 124
- 02 海洋來自於含水的微行星？ ... 126
- 03 海洋來自於大氣中的氫氣與岩石中的氧氣反應後所形成的水？ ... 128
- 04 海洋來自於落至初生地球上的彗星？ ... 130
- 05 地球內部的水比海水來得多 ... 132
- 06 海洋只不過是覆蓋在地球表面的一層「薄膜」 ... 134
- 07 海水的鹹味來自很早以前就溶解其中的氯化氫 ... 136
- 08 海洋不易降溫是地球氣候溫和的關鍵 ... 138
- 09 洋流會在海平面高低不同處的周圍產生 ... 140
- 10 環繞地球的洋流造就了溫暖的氣候 ... 142

下課時間 除了地球之外，還有其他天體擁有海洋嗎？ ... 144

第6節課 因人類活動而變化的地球

- 01 生命得以存續是因為受到地球的保護 ... 146
- 02 上空的臭氧可以阻擋紫外線到達地面 ... 148
- 03 破壞臭氧層的氣體是由人類活動所產生 ... 150
- 04 與1850～1900年相比，全球氣溫已上升了1.64℃ ... 152
- 05 世界各地的氣溫都持續在上升中！ ... 154
- 06 1901～2018年間海平面上升了20公分 ... 156
- **下課時間** 北極的海冰正在減少中？ ... 158
- 07 若無溫室效應，地球氣溫將降至零度以下 ... 160
- 08 暖化並不是壞事，問題是速度太快 ... 162
- 09 造成溫室效應的紅外線會在地表和大氣之間往返 ... 164
- 10 暖化可能導致傳染病的感染地區擴大 ... 166
- 11 全世界正採取抗暖化措施以阻止氣溫上升 ... 168
- **下課時間** 馬爾地夫將沉入海中？ ... 170

十二年國教課綱對照表 ... 172

本書的特色

一個主題用2頁做介紹。除了主要的內容，還有告訴我們相關資訊的「筆記」以及能讓我們得到和主題相關小知識的「想知道更多」。

此外，在書中某些地方會出現收集有趣話題的「下課時間」，等著你去輕鬆瀏覽哦！

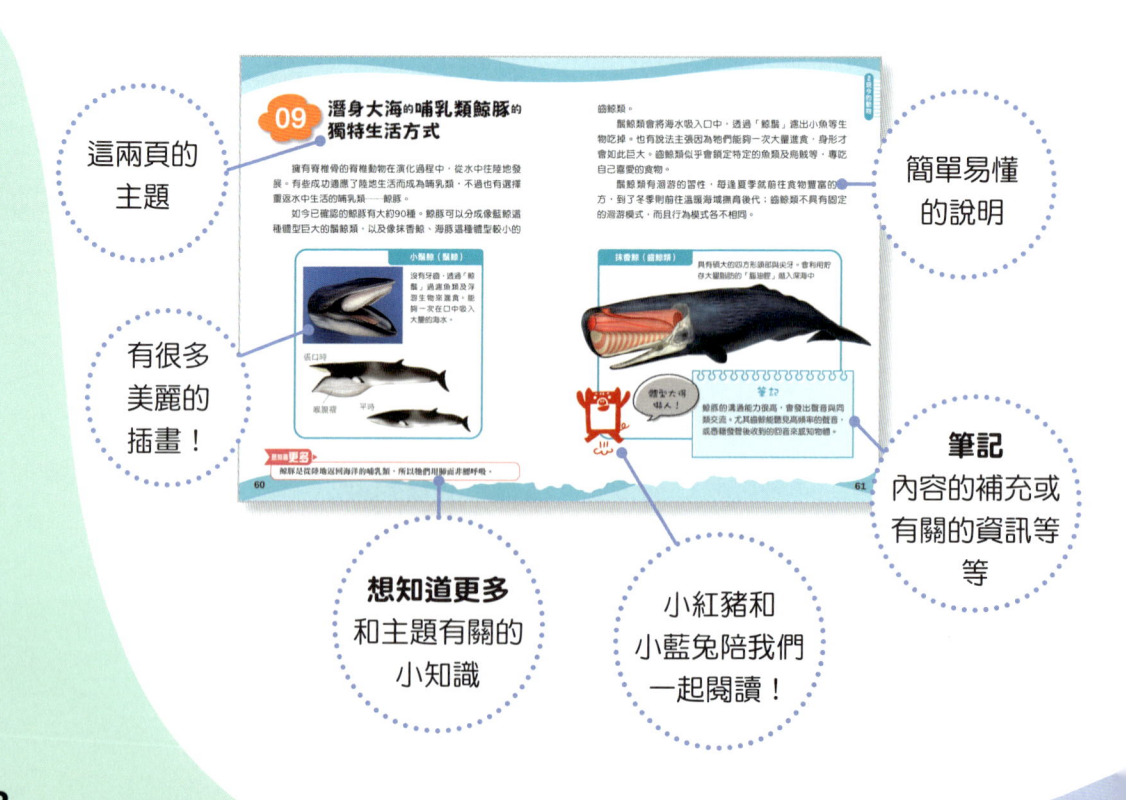

- 這兩頁的主題
- 有很多美麗的插畫！
- 簡單易懂的說明
- 筆記　內容的補充或有關的資訊等等
- 想知道更多　和主題有關的小知識
- 小紅豬和小藍兔陪我們一起閱讀！

8

角色介紹

小紅豬
【兒童伽利略】科學探險隊的小隊長。圓圓的鼻子是最迷人的地方。

小藍兔
小紅豬的朋友,科學探險隊的隊員。很得意自己有像兔子一樣長長的耳朵。雖然常常說些笨話,但倒是滿可愛的。

小紅豬也能變身唷!

雲

雨

火山

地球照相館

地球的生命源自於海底？

委內瑞拉附近發現的海底熱泉。熱液的溫度很高，猶如燃燒的火焰般。

從海底冒出的黑色煙柱！

左邊照片是在太平洋赤道附近海底發現的「海底熱泉」。海底深處有熱液噴出的地方，很可能就是孕育出生命的場所！

11

地球照相館

地球最初的「氧氣工廠」

上面照片是澳洲等地都能見到的「疊層石」，是由地球最早製造出大量氧氣的「藍菌」所形成。

微生物是製造氧氣的始祖呢！

遍布世界各地的疊層石化石。如今在部分地區，仍可觀察到藍菌不斷生長並繼續形成疊層石。

地球照相館

擁有悠久歷史的巨岩

從空中俯瞰的烏魯魯。烏魯魯所在的地層因覆蓋地表的「板塊」移動，受到擠壓後才露出地面。

下面照片是位於澳洲中部的「艾爾斯岩（烏魯魯）」，為世界上最大的單體岩石。這塊岩石是在地球長年累月的變化下所形成。

「卡塔丘塔」是距離烏魯魯約30公里遠的岩石。與烏魯魯原本位於同一地層，因此兩者在地底下可能是相連的。

慢慢才形成現今的樣貌唷！

地球照相館

地球上的「儲水庫」

看似靜止狀態，但其實有在流動喔！

下面照片是蜿蜒於格陵蘭的冰河。正如其名,即冰層如河川般流淌。由於全球暖化,面積正持續在縮減中。

地球照相館

噴出的熔岩

地球的內部是什麼樣子呢？

從基勞厄亞火山流出的熔岩。

流入海中的熔岩。

噴發中的基勞厄亞火山及流出的熔岩。

　　上面照片皆是夏威夷島基勞厄亞火山的熔岩。地球內部的高溫物質「岩漿」噴出流到地表就稱為熔岩。

第 **1** 節課

地球的構造

首先,來探索一下我們居住的地球是個怎樣的地方吧。肯定會改變你看待地球的方式!

走吧,出發探險嘍!

01 地球位於距離銀河中心約3萬光年之處

我們居住的地球，位於呈圓盤狀、名為「銀河（銀河系）」的天體內。

銀河中有數千億顆「恆星」。恆星是像太陽一樣可以自

銀河是個旋轉圓盤

插圖為銀河的想像圖。圓盤中央突起的部分稱為「核球」，聚集著大量年老的恆星。往外延伸的「手臂」則是許多恆星誕生的地方。所有的恆星皆受到「重力」牽引繞著銀河中心運行，整個圓盤呈緩慢旋轉狀。

地球（太陽系）的位置

行發光的天體,插圖中閃閃發光的亮點即恆星。

　　圓盤的直徑約為10萬光年。1光年是指光在1年內所前進的距離,而光1秒可前進約30萬公里。因此,從銀河的一端橫跨到另一端約為9.5兆公里!

　　銀河的中心是整個銀河最明亮的區域。外側有如旋渦般延伸的「手臂」,地球就在距離中心約3萬光年遠的旋臂上,繞行銀河一周約需2億年。

如果用走的不知要花多少年?

想知道更多
離地球最近的恆星是太陽,其次是約4光年遠的比鄰星。

02 地球是太陽系八大行星的一員

太陽是離地球最近的恆星，而地球是環繞太陽運行的「行星」。所謂的行星，是指環繞著恆星、自身不會發光，且具有一定質量的天體。

如下面插圖所示，環繞著太陽運轉的行星共有八顆，由

地球離太陽算是近的唷！

筆記

若將太陽系的行星軌道（行星運行的「路徑」）描繪出來，看起來就像個圓盤。介於火星與木星軌道之間，有個聚集著無數小行星、呈帶狀分布的「小行星帶」。除此之外，太陽系內還有體積比行星小的「矮行星」、如月球般環繞著行星周圍運行的「衛星」、在夜空中拖著長長尾巴的「彗星」。

想知道更多

繞行海王星外側的冥王星曾被視為是一顆行星，但在 2006 年被改分類為矮行星。

內至外依序是水星、金星、地球、火星、木星、土星、天王星、海王星。「太陽系」就是由太陽和八大行星，以及其他更小的天體所構成。

　　一個天體環繞著另一個天體轉動稱為「公轉」。也就是說，太陽系裡的天體皆繞著太陽公轉。雖然從下面插圖很難看出，但每顆行星的公轉方向都是相同的。

　　太陽到地球的平均距離約為1億5000萬公里，然而太陽到海王星的平均距離卻是地球的30倍遠。

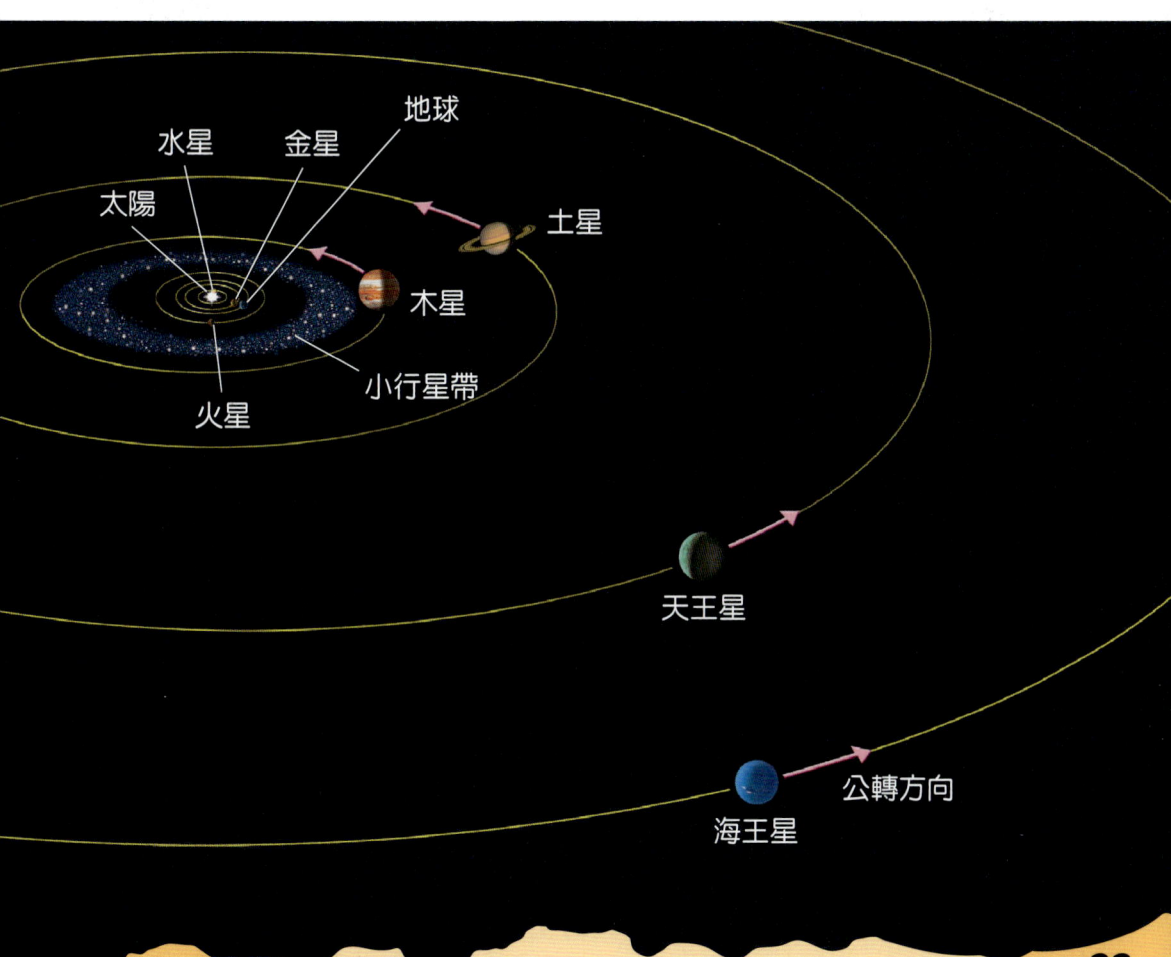

03 地球是八大行星中內部結構最密實者

　　太陽系的八大行星中，水星、金星、地球和火星的內部構造非常相似，核心處都有一個金屬球，其周圍環繞著由岩石組成的地函。而主要由較輕物質「氫」所組成的木星、土星及富含水的天王星、海王星，相較之下，內部的結構較不密實。

　　太陽系行星中結構最密實的是地球，密度是太陽系最大行星「木星」的4倍。

金星

地核由液態鐵組成，其外側環繞著地函。密度僅次於地球和水星。

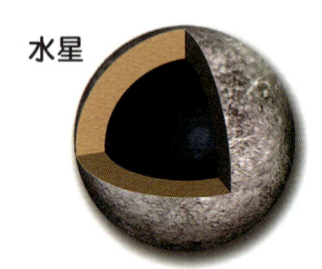

水星

以鐵為主要成分的地核，半徑占水星的70％以上。密度在所有行星中僅次於地球。幾乎沒有大氣。

八大行星的內部組成

插圖為八大行星的內部示意圖。為便於說明，地球以外的行星皆繪成同樣大小。離太陽較近的水星、金星、地球和火星，稱為「岩石型行星（類地行星）」；木星和土星稱為「氣體巨行星（類木行星）」；天王星和海王星稱為「冰質巨行星（類海行星）」。

想知道更多▶

土星的平均密度比水還要小，若將土星放入水中則會浮在水面上。

1 地球的構造

地球
密度 5.52公克／立方公分

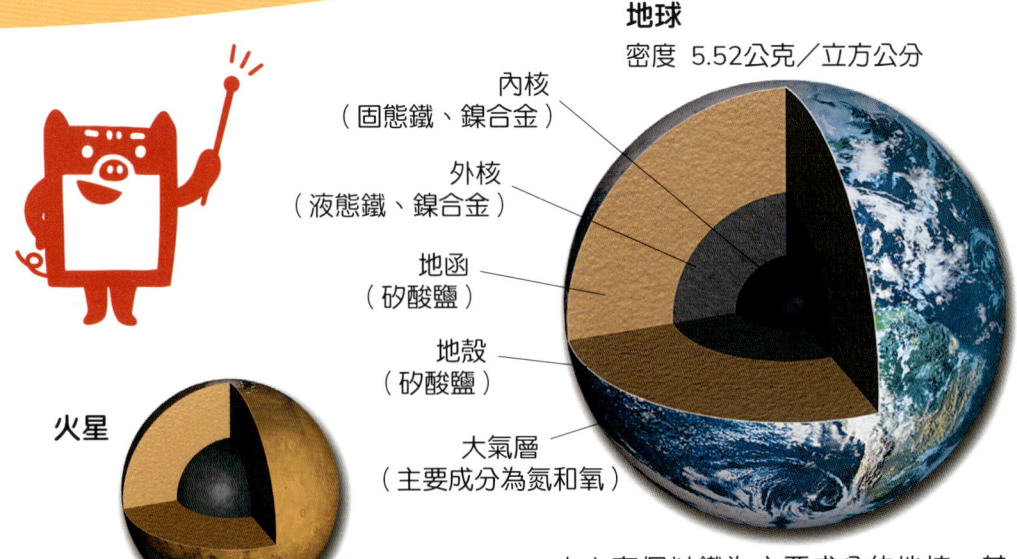

內核（固態鐵、鎳合金）
外核（液態鐵、鎳合金）
地函（矽酸鹽）
地殼（矽酸鹽）
大氣層（主要成分為氮和氧）

中心有個以鐵為主要成分的地核，其外圍是由岩石所構成的地函（第34頁）。地球是所有類地行星中質量最大，且密度最大的行星。為太陽系中唯一表面有液態水海洋，同時有生命存在的行星。

火星

為類地行星中密度最小的行星。地核的成分除了鐵外，還含有比地球更多的硫磺。大氣中有95%是二氧化碳。

土星

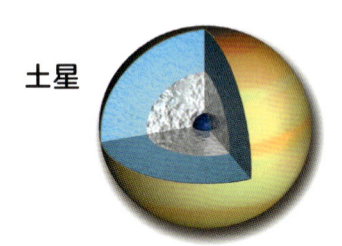

內部結構與木星相似。由於重量比木星輕，內部壓力也較弱，為太陽系中密度最小的行星。

木星

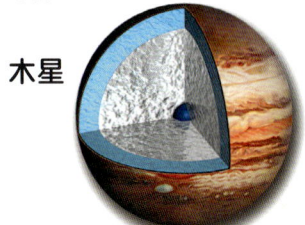

在太陽系的行星當中，體積最大且重量最重。和太陽一樣，絕大部分是由氫組成。地核由岩石和水組成。

海王星

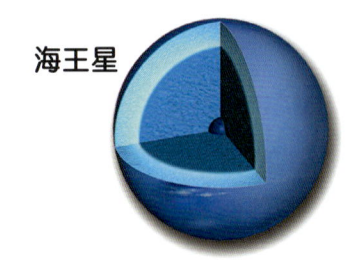

太陽系行星中距離太陽最遠者。內部結構與天王星相似，地核的體積略大於天王星。為巨行星中密度最大的行星。

天王星

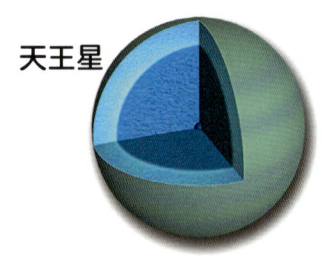

內部包含大量水。表面覆蓋著以氫為主要成分的大氣層。中心有岩石所組成的地核。

25

04 地球的形狀是一顆赤道處稍微隆起的球體

地球就像旋轉中的陀螺般，一天轉一圈。繞著自己的軸心旋轉運行，就叫作「自轉」。

「陀螺的軸心（自轉軸）」宛如貫穿地球的南北兩極，而赤道是「陀螺的主體（不含軸體）」中最凸出的部分。地球表面的赤道與自轉軸的距離最遠，從地球中心到赤道的半徑約為6378公里^{編註}。

相較之下，地球中心至南北兩極的半徑比赤道半徑短了近20公里。也就是說，地球並不是一個完美的球體，而是在赤道附近略微隆起。

原因就在於地球的自轉。赤道是地球表面離自轉軸最遠的地方，旋轉的速度也最快。由於赤道附近的離心力（向外的拉力）最大，因此造成赤道隆起。

編註：地球的赤道長度約 40,075 公里，繞南北極一圈的子午線長度約 40,008 公里。

想知道更多

月球和太陽雖然也會影響地球的扁平程度，但與地球自轉的效應相比並不明顯。

1 地球的構造

看起來呈圓球狀的地球

地球的數據

赤道半徑	6378.1公里
赤道重力	9.78公尺／秒平方
體積	約1兆立方公里
質量	5.972×10^{24}公斤
密度	5.51公克／立方公分
自轉週期	0.9973日
衛星數	1個

節錄自日本國立天文臺《理科年表2020》

以NASA的泰拉（Terra，地球的拉丁文）衛星觀測到的數據為基礎所繪製的地球模樣。從地球中心至赤道的距離與到南北兩極的距離，兩者的差距（扁平率）僅0.03%，因此看起來是個完美的球體。

自轉造成的離心力在赤道上最大
插圖中為刻意強調赤道隆起的地球模樣。自轉產生的離心力大小（箭頭的長度）依緯度而異，越靠近赤道越大。這就代表我們與地球之間的引力（地心引力減去離心力得到的地表重力），越靠近赤道就越小。

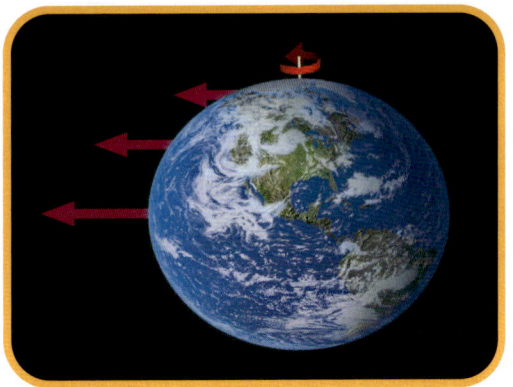

05 地球的表面覆蓋著十幾個板塊

地球表面是由十幾個被稱為「板塊」^{編註}的堅硬岩板所構成。海洋板塊的厚度約30～90公里，大陸板塊的厚度約100公里。板塊包括「地殼」（第34頁）及上部「地函」，由冷卻後凝固的岩石組成。

互相靠近中的兩塊大陸

兩板塊碰撞處（海溝）
板塊彼此碰撞後，海洋板塊會隱沒至大陸板塊的下方。

兩板塊分離處（中洋脊、地塹）
在往兩側遠離移動的板塊之間，熾熱的地函上升之後，生成新的板塊。

板塊

想知道更多
兩板塊分離的交界處，位於海中就稱為中洋脊，在陸地則稱為地塹。

板塊以每年數公分的速度移動。移動的方向依板塊而異，因此彼此之間的交界處會出現碰撞、摩擦或分離等相互作用。兩個板塊碰撞的地方，其中一個板塊會隱沒在相鄰板塊的下方；兩個板塊摩擦的地方，常會有地震發生。

兩個板塊分離的交界處，熾熱的地函會上升並形成新的板塊。

編註：板塊（plate）不等於地殼（crust）。海洋地殼厚約 5～10 公里，大陸地殼厚約 25～70 公里。

> **筆記**
>
> 兩板塊碰撞的地方稱為「隱沒帶」，會在海底形成巨大的山谷「海溝」。兩板塊摩擦的地方稱為「轉形斷層」；兩板塊分離的交界處則稱為「中洋脊」或「地塹」。

大陸地殼

岩漿庫

兩板塊摩擦處（轉形斷層）
通常都在海底。美國的聖安德列斯斷層位於陸地上，為著名的地震多發地帶。

板塊隱沒時會產生岩漿，若噴出地面就形成了火山爆發。

板塊如今仍持續在生成唷！

06 山脈和火山都是**板塊運動**的產物

　　與地球同為岩石型行星的火星和金星，並沒有發現如地球般的巨大山脈。原因就在於板塊，火星和金星雖然也有板塊，但不會像地球的板塊那樣移動。

　　喜馬拉雅山脈是印度次大陸和歐亞大陸相互碰撞的產物。印度次大陸以前位於南半球，在板塊運動下持續向北移動（第114頁）。待撞擊到歐亞大陸後，才形成如今的喜馬拉雅山脈。

　　另一個地球特有的地形則是如夏威夷群島般，由好幾個火山島嶼所形成的列島。夏威夷島的地底仍不斷有岩漿從地函深處向上湧出，該地區被稱為「熱點」。湧出地表的岩漿形成火山島後會隨著板塊移動，但熱點的位置是固定的，因此持續生成的新火山島最後就成了一列島嶼。

> **想知道更多**
> 印度次大陸隨著板塊從南半球往北移動的距離，長達約 6000 公里。

1 地球的構造

喜馬拉雅山脈的形成肇始於板塊運動

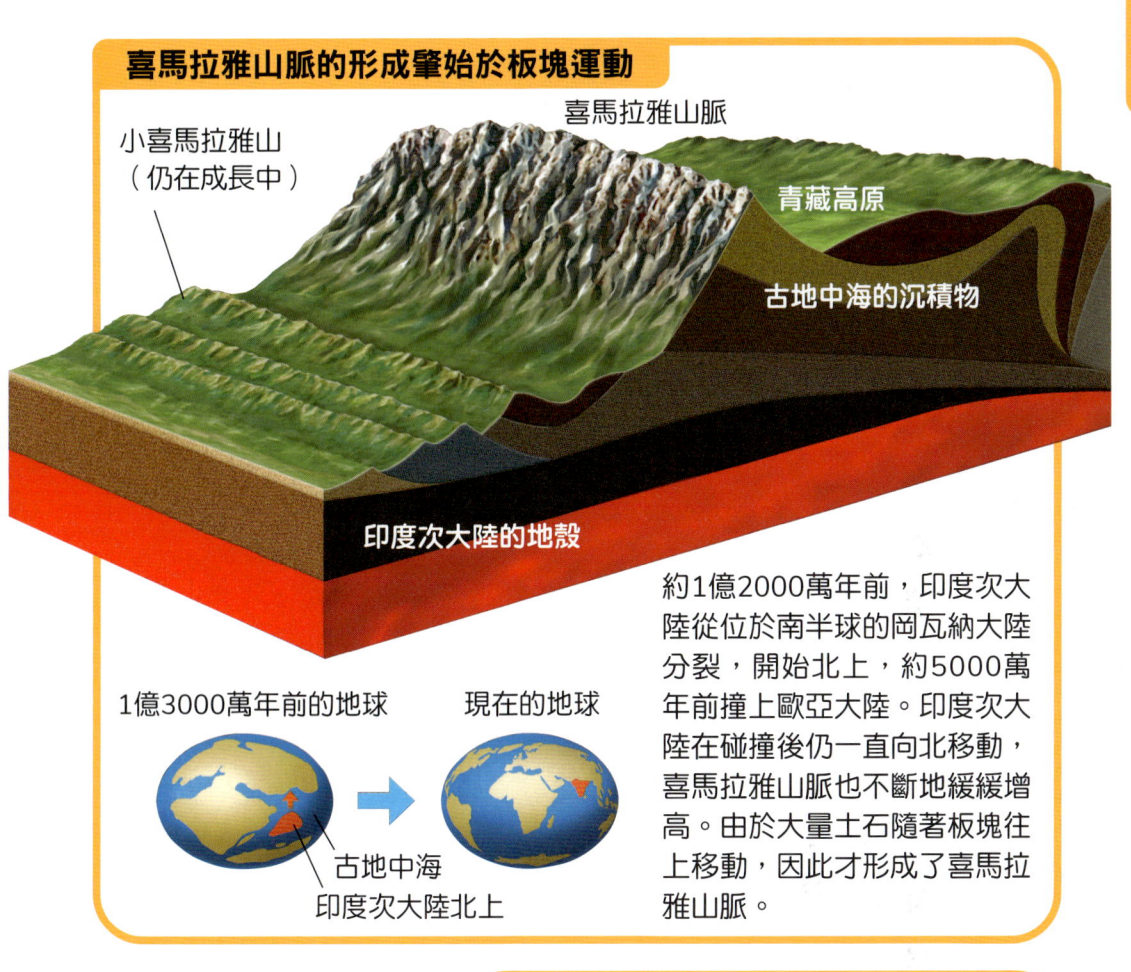

喜馬拉雅山脈
小喜馬拉雅山（仍在成長中）
青藏高原
古地中海的沉積物
印度次大陸的地殼

1億3000萬年前的地球　現在的地球
古地中海
印度次大陸北上

約1億2000萬年前，印度次大陸從位於南半球的岡瓦納大陸分裂，開始北上，約5000萬年前撞上歐亞大陸。印度次大陸在碰撞後仍一直向北移動，喜馬拉雅山脈也不斷地緩緩增高。由於大量土石隨著板塊往上移動，因此才形成了喜馬拉雅山脈。

打造出夏威夷群島的熱點

熱點的位置已固定在地底數千萬年以上，並持續湧出岩漿。另一方面，板塊則慢慢地在移動中。夏威夷所在的太平洋板塊每年會往西北移動約8公分，而熱點的正上方又會接連生成新的火山，進而形成如夏威夷群島般的火山列島。

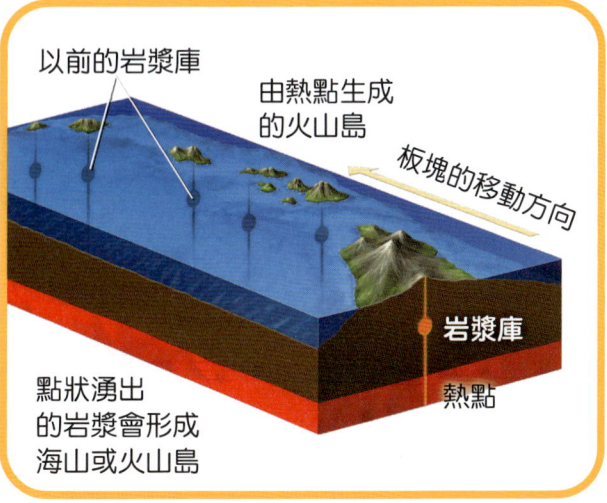

以前的岩漿庫
由熱點生成的火山島
板塊的移動方向
岩漿庫
點狀湧出的岩漿會形成海山或火山島
熱點

31

下課時間

巨大地震會發生在板塊的交界處？

地震可分成在板塊內部發生或是在交界處發生，於交界處引發的地震有時規模會相當巨大。

覆蓋在地球表面的十幾個板塊，各自朝著不同的方向移動。若出現碰撞，其中一個板塊隱沒至相鄰板塊的下方，板塊下沉的地方就稱為「隱沒帶」。

當隱沒帶中的海洋板塊沉入大陸板塊的下方，大陸板塊的前端被海洋板塊拉扯，一點一點拖往地球內部。但到了一定的極限，大陸板塊會回彈恢復成原本的形狀。

這個「回彈」的力道非常大，可能會引發巨大地震或大海嘯。

竟然是巨大板塊的回彈！

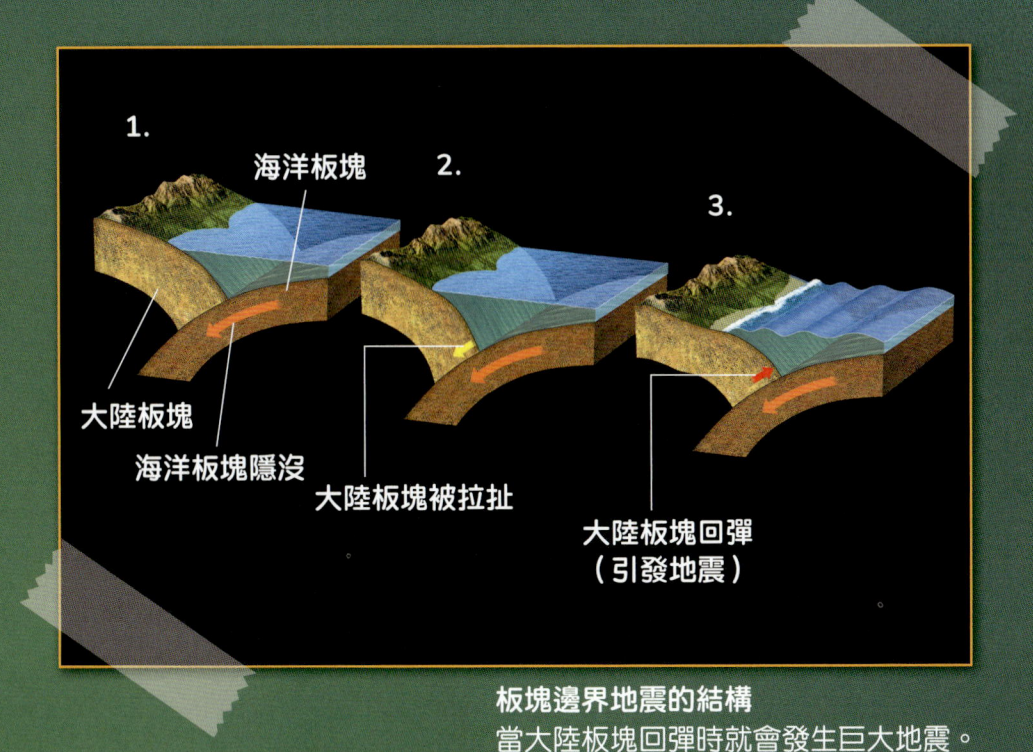

1.
海洋板塊
大陸板塊
海洋板塊隱沒

2.
大陸板塊被拉扯

3.
大陸板塊回彈
（引發地震）

板塊邊界地震的結構
當大陸板塊回彈時就會發生巨大地震。

內陸地震的結構
當斷層滑動時就會發生地震。

正斷層
斷層邊界的一側向下滑落

逆斷層
斷層邊界的一側往上移動

平移斷層
斷層邊界的上盤和下盤水平方向移動

07 地球的中心約有400萬大氣壓及6000℃

　　從地球表面到地心的距離約為6400公里。最外側是數公里至數十公里厚的「地殼」，其下方是2900公里厚的「地函」，再往下是半徑約3400公里的地球中心「地核」。地殼和地函由岩石所構成，主要成分為二氧化矽。而一般認為地核的成分中，絕大部分應該都是鐵。

　　地球內部的壓力和溫度會隨著深度而增加，深度3000公里處的壓力約為100萬大氣壓。若再深入至地球中心，則壓力約為400萬大氣壓、溫度高達6000℃。

　　壓力一旦增加，密度也隨之增加。在地函和地核內，各區密度的增加速度較為緩慢；但地函與地核的交界處，由於成分從岩石轉變為鐵，所以密度也大幅上升了兩倍左右。

> **想知道更多**
> 有時可在岩漿中發現橄欖岩之類的地函岩石碎片。

1 地球的構造

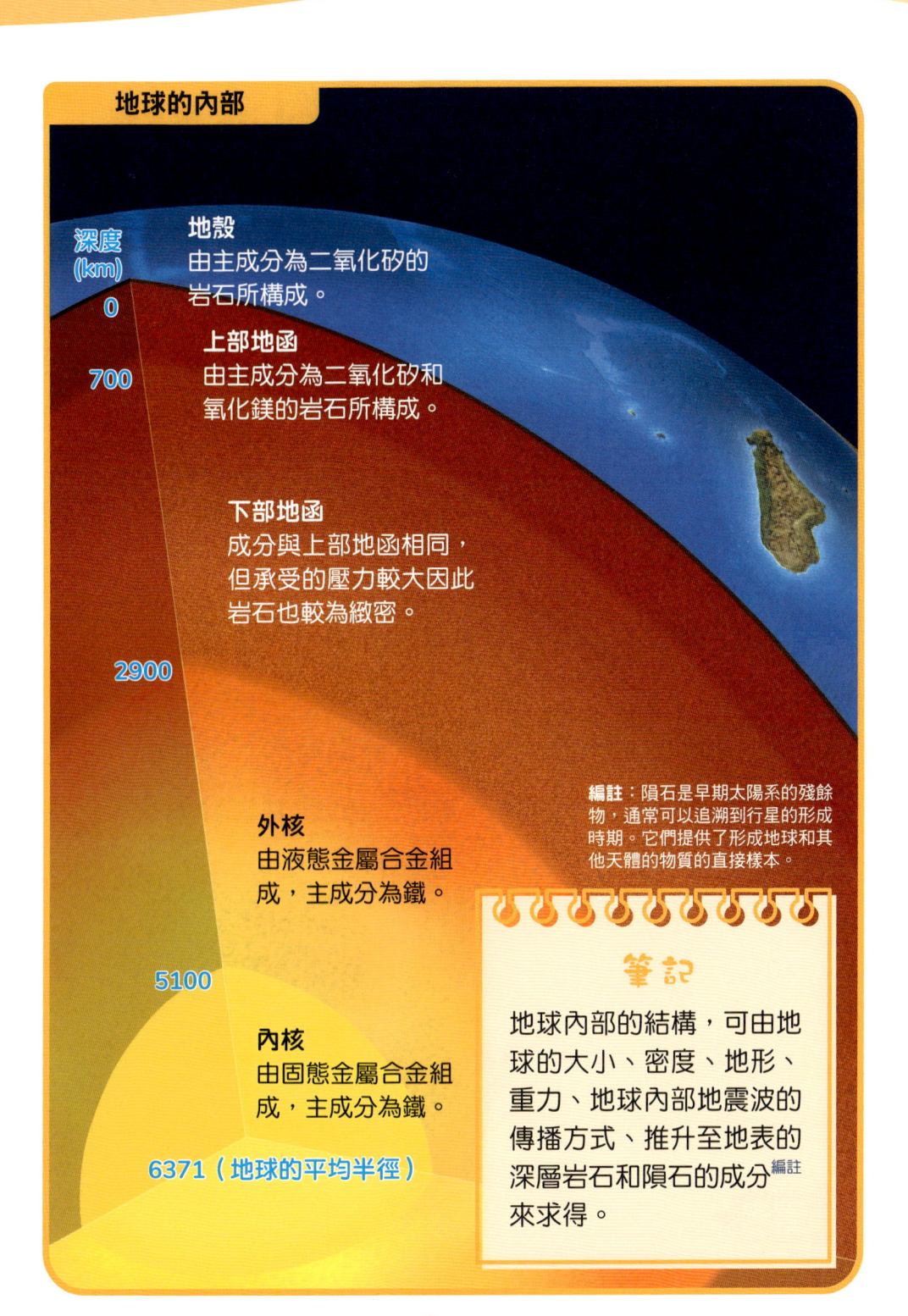

地球的內部

深度 (km)

地殼
由主成分為二氧化矽的岩石所構成。

0

上部地函
由主成分為二氧化矽和氧化鎂的岩石所構成。

700

下部地函
成分與上部地函相同，但承受的壓力較大因此岩石也較為緻密。

2900

外核
由液態金屬合金組成，主成分為鐵。

5100

內核
由固態金屬合金組成，主成分為鐵。

6371（地球的平均半徑）

編註：隕石是早期太陽系的殘餘物，通常可以追溯到行星的形成時期。它們提供了形成地球和其他天體的物質的直接樣本。

筆記

地球內部的結構，可由地球的大小、密度、地形、重力、地球內部地震波的傳播方式、推升至地表的深層岩石和隕石的成分^{編註}來求得。

35

08 地球內部的熱對流會讓地函慢慢移動

一般來說，溫度高的物體密度較低且輕，會往上移動；溫度低的物體密度較高且重，會往下移動。這種由上升流與下降流構成的現象，即所謂的「對流」。

空氣或水等易流動的物質一旦產生較大的溫度差，就常會引發對流。像這樣易流動的物質稱為「流體」。當流體內發生對流，內部傳導熱能的效率也會提高。

地球內部的溫度最高可達6000℃，然而地表的溫度卻與氣溫、海水溫度相近。由於內外溫差巨大，所以地函會產生對流。

幾乎由固態岩石組成的地函，在極長的時間尺度下可被視為會產生對流的「流體」。但對流的速度十分緩慢，一年僅移動1～10公分左右。

> 原來地函也會移動啊！

想知道更多
也可在鍋中的沸水觀察到對流。

移動地函的「板塊」

鋪在外核上方的板塊
崩落的板塊（沉入地底的板塊）平鋪在密度較高的外核上方。板塊受地核加熱後，會變輕並形成上升流（熱柱）。

崩落的板塊
在地表冷卻後變重的板塊，會在地函中往下掉並直抵地函的底部。

滯留的板塊
板塊滯留在深度約660公里的地方。再往下就是下部地函，由於密度較高且重，因此板塊無法繼續下沉，而暫時滯留此處。

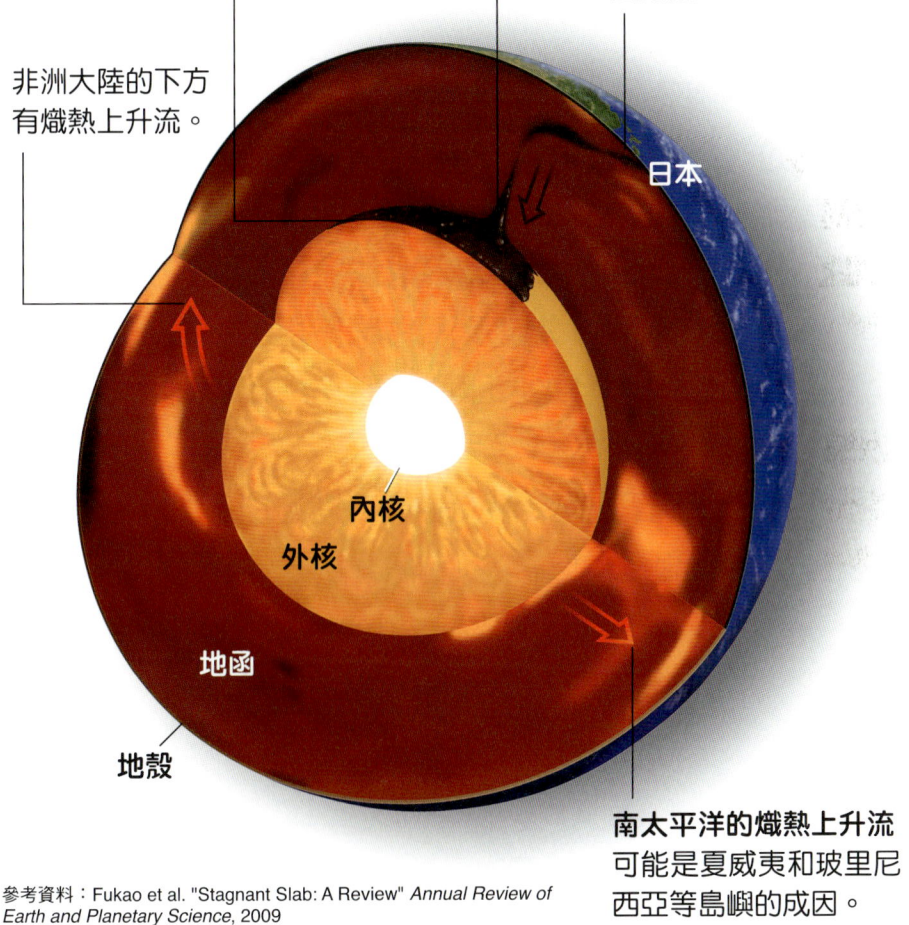

非洲大陸的下方有熾熱上升流。

日本

內核

外核

地函

地殼

參考資料：Fukao et al. "Stagnant Slab: A Review" *Annual Review of Earth and Planetary Science*, 2009

南太平洋的熾熱上升流
可能是夏威夷和玻里尼西亞等島嶼的成因。

插圖為地球內部的對流示意圖。越偏黃色溫度越高，越偏褐色則溫度越低。目前已知，日本下方的較冷板塊會沿著日本海溝往下隱沒。此外，推測其他地區也存在著各種上升流及下降流。

09 設備可深入海底調查地球內部的鑽探船「地球號」

JAMSTEC（海洋研究開發機構）的「地球號」是日本最大的科學鑽探船，其任務是利用設備深入海底鑽掘地層，探究地球內部的構造。

為了能在海底的更深處進行挖掘，「地球號」採用與鑽油船同樣的「立管鑽探系統」。並在挖掘海底的鑽桿外多包覆一層套管，以防止鑽孔塌陷。

執行鑽探作業時，為了讓「地球號」保持在定點，會利用接收來自人造衛星的電波及海底應答器的聲波，邊測定正確位置邊操縱船舶。因此，即便在無法使用船錨固定的場所也能進行探勘。

同時船上還備有許多精密儀器，以便能在地層樣本出現變化前盡速完成測量及分析。

> 曾鑽探超過3公里深唷！

想知道更多

鑽掘取出的地層樣本，呈直徑7～8公分的圓柱體狀。

「地球號」鑽探海底的運作機制

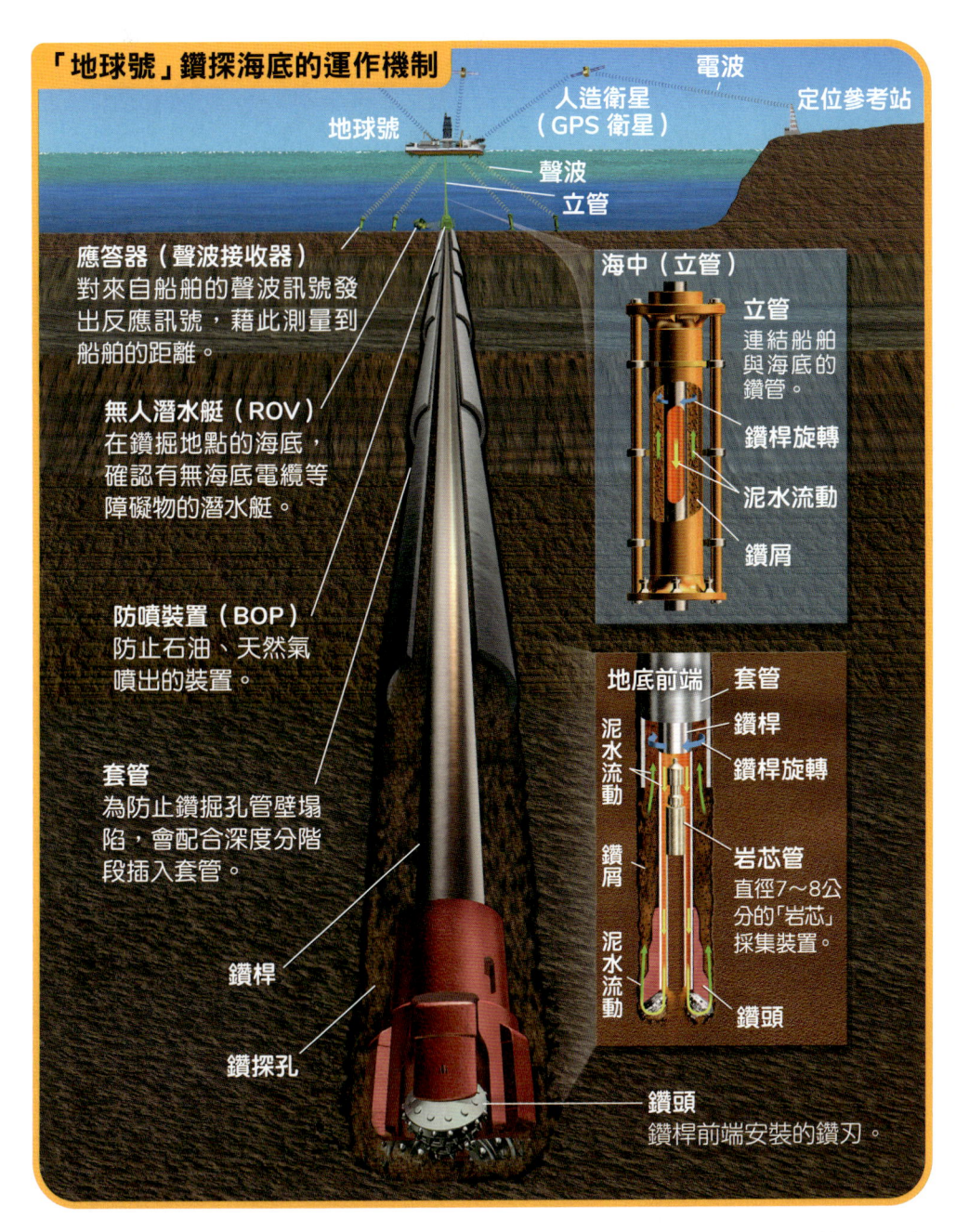

地球號
人造衛星（GPS 衛星）
電波
定位參考站
聲波
立管

應答器（聲波接收器）
對來自船舶的聲波訊號發出反應訊號，藉此測量到船舶的距離。

無人潛水艇（ROV）
在鑽掘地點的海底，確認有無海底電纜等障礙物的潛水艇。

防噴裝置（BOP）
防止石油、天然氣噴出的裝置。

套管
為防止鑽掘孔管壁塌陷，會配合深度分階段插入套管。

鑽桿

鑽探孔

海中（立管）

立管
連結船舶與海底的鑽管。

鑽桿旋轉
泥水流動
鑽屑

地底前端
套管
鑽桿
鑽桿旋轉

泥水流動
鑽屑
泥水流動

岩芯管
直徑7～8公分的「岩芯」採集裝置。

鑽頭

鑽頭
鑽桿前端安裝的鑽刃。

「立管鑽探系統」是由連結船舶和海底的「立管」、開挖海底的「鑽桿」和包覆在鑽桿外的「套管」所組成。鑽桿的前端安裝著「鑽頭」，透過旋轉鑽頭往地底鑽探。為達到深入鑽掘的目標，立管內部還設有將挖掘途中流出的泥水等物質排出的管道，配備方面十分完善。

1 地球的構造

39

10 地球就像根巨大的磁棒

在地球上使用羅盤時，磁針N極會指向北方，這代表地球本身具有磁性。如右頁所示，假設地球中心有根S極朝北的巨大磁棒，那麼就能解釋為何羅盤的N極在地球上任何地方皆指向北方。兩個磁鐵的N極或兩個磁鐵的S極會互相排斥，N極和S極則會互相吸引。

磁鐵的周圍有肉眼看不到的磁場。磁鐵與磁鐵之間的磁場會相互作用，產生一種排斥力或吸引力。

而打造出地球磁場的是地球內部由高溫液態金屬所構成的外核（第34頁）。透過液態金屬的對流，可在地球的外側形成如右圖般的磁場。

目前已知形成地球磁場的「磁棒」，其中心軸與地球的自轉軸略有些偏差。

編註：在過去1億5000萬年間，地球的磁極以不同頻率反轉了數百次。反轉的原因目前尚無定論。

想知道更多

地球的磁棒會反轉方向，最近一次的反轉事件是發生在78萬年前。[編註]

略微偏離自轉軸的「地球磁棒」

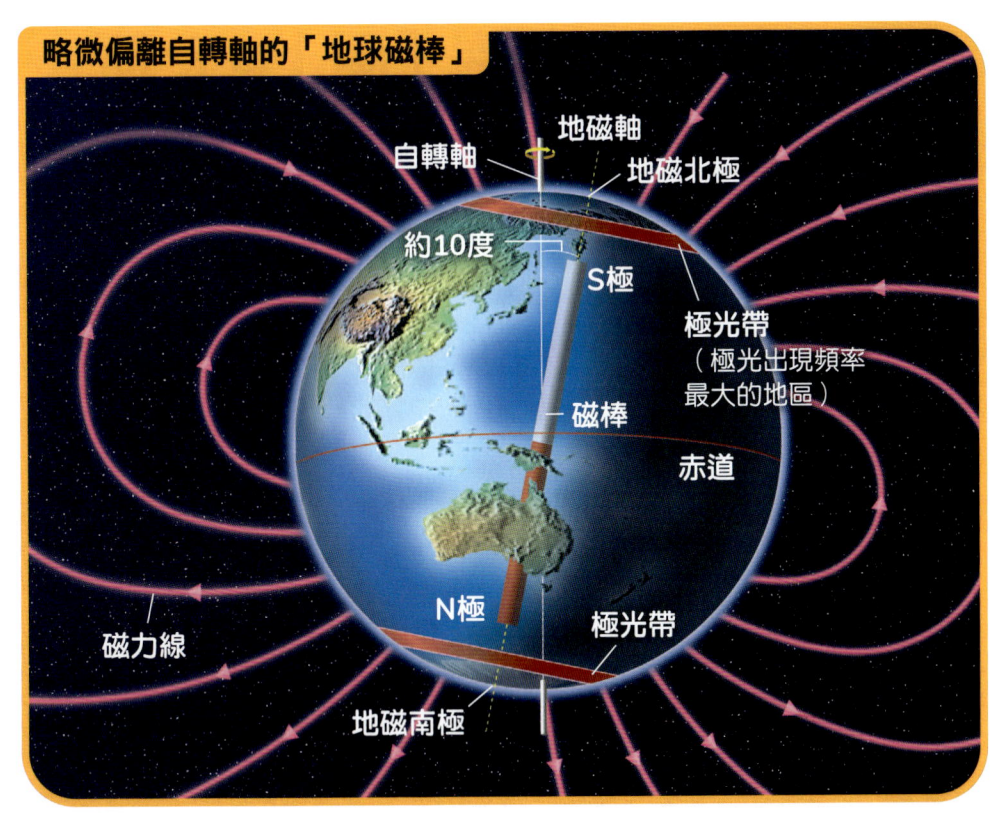

地磁軸
自轉軸
地磁北極
約10度
S極
極光帶
（極光出現頻率最大的地區）
磁棒
赤道
N極
極光帶
磁力線
地磁南極

插圖中是地球中心的假想磁棒。用來表示地球磁場的「磁力線」，由南向北覆蓋著整個地球。磁棒的延長線與地表接觸的點，稱為「地磁極」。由於磁棒的方向、中心位置與自轉軸略有偏差，因此地磁極與自轉軸的兩極（北極點和南極點）並不一致。

筆記

雖然無法用肉眼看到磁場，但如果將具有被磁鐵吸引特性的鐵砂鋪在磁棒周圍，磁場就變得似乎可見。鐵砂會沿著「磁力線」的方向移動，排列出類似圖案。

由磁棒所建立的磁場

1 地球的構造

11 極光是太陽「風」與大氣相撞後的發光現象

在夜空中綻放光芒的極光,是由太陽發出的粒子所引起。太陽不僅會發光,還會向太空拋射由電子、質子等帶電粒子組成的氣體「電漿」。此流動的電漿就是「太陽風」。

從太空看到的極光

照片是2011年9月國際太空站(ISS)拍攝到的南極光,照片右側還能見到ISS的太陽能板。該極光是由幾天前發生的太陽「風暴」所引起。

想知道更多

依發生場所的原子和分子的種類,極光會呈現出紅、綠等不同的色彩。

降至地表的太陽風粒子,在地球磁場的作用下被帶往北極和南極。這是因為帶電的物質會沿著磁場移動的緣故。結果太陽風粒子流動到地球的極區,與大氣中的氧、氮等原子和分子相撞。

　　暴露在太陽風下的原子和分子會被激發並產生光芒,但時間不會持續太久,待能量釋放後就會回到安定的狀態。此時射出的光芒就是我們所看到的極光。

原來跟地球磁場有關啊!

12 地球上97%的水都在海洋中

　　海水占了地球上所有水的97%，剩下的3%則是冰河、地下水等長期滯留在陸地上的水，以及湖泊中的水、流經河川的水。

　　地球上絕大部分的水都在海洋中，但水並不會一直留在海裡。海水不斷蒸發，大氣中含有大量的水蒸氣。海洋的蒸發量每年高達42.5萬立方公里，這個水量相當於讓海平面在一年內下降1.2公尺。

　　含有水蒸氣的大氣移動到陸地後，會以雨或雪的形態降落至地面。落到陸地上的雨和雪，又會經由河川等途徑流回海洋。海水就以這樣的方式在地球上循環不已。由於會有幾乎與蒸發的海水等量的水再次回歸海洋，所以海平面並不會下降。

編註：海面的平均溫度為 20～30℃，海水吸收的熱量使得一些水分子移動得夠快，便可逸出到空氣中，稱為蒸發。水不需要達到沸點即可蒸發。

想知道更多

海面下1000公尺處的海水溫度，即使是熱帶地區也在5℃以下。編註

1 地球的構造

地球上哪裡有水？

插圖中分別列出了地球上的海洋、陸地、大氣中的水體積。黃色箭頭代表在海洋、陸地、大氣之間一年內移動的水體積（箭頭的寬度與體積成正比）。從海洋蒸發的水（水蒸氣）在大氣中停留的時間很短，平均只有10天左右。

陸地上的水 35,987,000 km³
佔地球上所有水的 2.6%

陸地上的水分項	體積
冰　河	27,500,000 km³
地下水	8,200,000 km³
鹹水湖	107,000 km³
淡水湖	103,000 km³
土壤水	74,000 km³
河　川	1,700 km³
動植物	1,300 km³

大氣降雨至陸地
一年 111,000 km³

大氣中的水 13,000 km³
佔地球上所有水的 0.001%

陸地蒸發至大氣
一年 71,000 km³

大氣降雨至海洋
一年 385,000 km³

海洋蒸發至大氣
一年 425,000 km³

海水 1,348,850,000 km³
佔地球上所有水的 97.4%

陸地（河川、地下水等）流入海洋
一年 40,000 km³

※ 各數值數據節錄自《理科年表 2023》

45

13 地球的大氣層並非越高空溫度越低

地球的四周被厚達數百公里的大氣所包圍，然而99%的空氣都集中在離地面30公里內的地方。

大氣層的溫度似乎越高越冷，但其實並非如此。依照大氣的特徵可將其分為四層，分別是對流層、平流層、中氣層和熱氣層。

想知道更多
地球的大氣重量約 5300 兆噸。

1000km

電離層
主要在熱氣層內，分布在離地面約500公里的高空，可反射電波。收音機電波、無線通訊電波都是在電離層反射，才能傳送到遠方。

85km　−80℃　中氣層頂

溫度曲線

中氣層
越往上層氣溫越低。氣球無法到達中氣層，所在的高度也幾乎無法反射電波，因此還有許多尚未解明之處。

50km　平流層頂

平流層
越往上層氣溫越高。在平流層中，陽光中的紫外線會與空氣中的氧發生化學反應並生成臭氧。平流層的中層有臭氧濃度較高的臭氧層，能有效吸收陽光中的紫外線。

臭氧層

12km　對流層頂　−55℃

對流層
大氣中活躍的對流活動會帶來天氣的變化。低緯度地區的對流層頂約在離地16公里的位置，高緯度地區則在離地8公里處。平均每上升100公尺，氣溫就下降0.65℃。

聖母峰（8849公尺）

積雲

0km　−50℃

國際太空站
（高度約400公里）

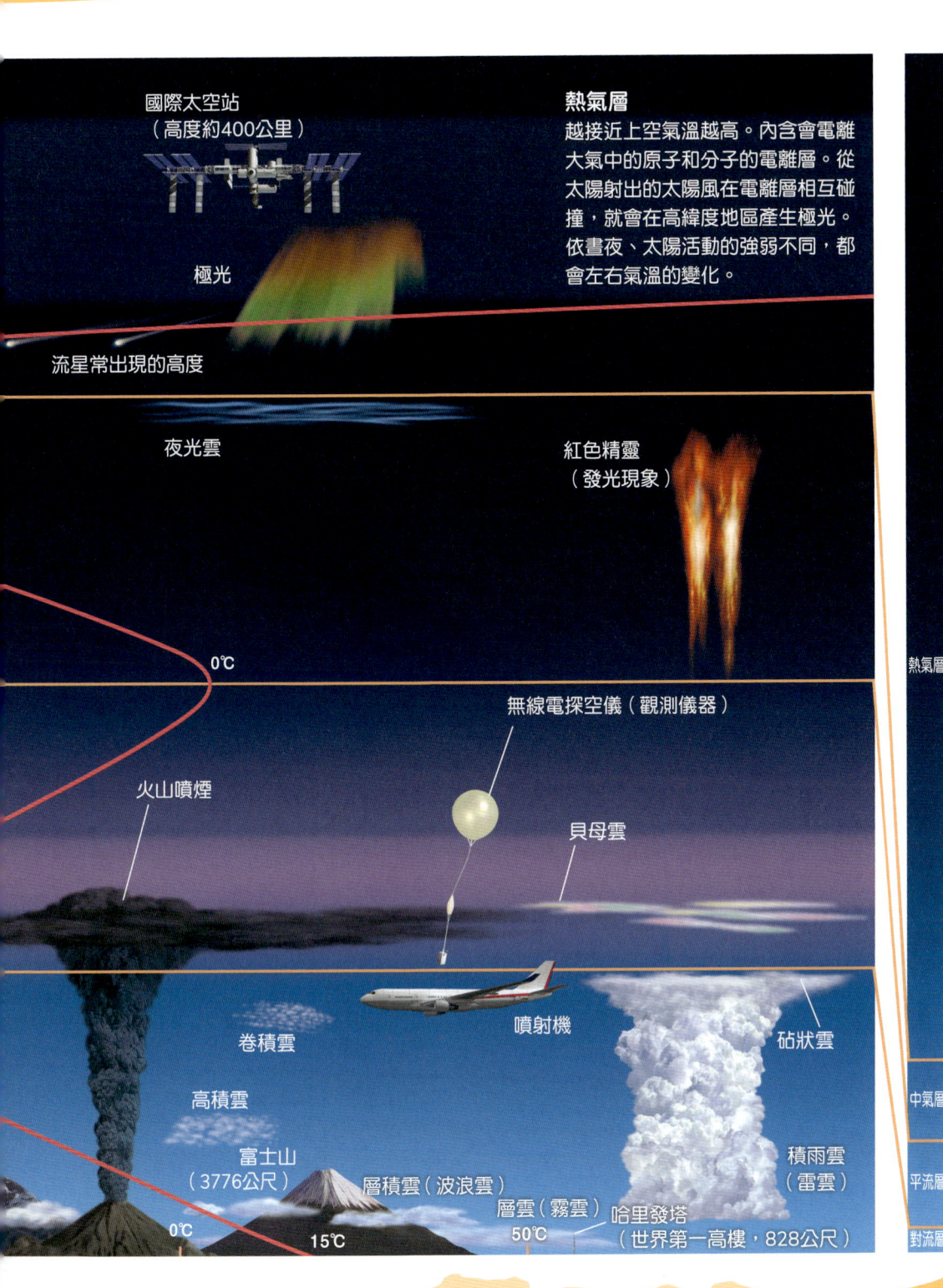

極光

熱氣層
越接近上空氣溫越高。內含會電離大氣中的原子和分子的電離層。從太陽射出的太陽風在電離層相互碰撞，就會在高緯度地區產生極光。依晝夜、太陽活動的強弱不同，都會左右氣溫的變化。

流星常出現的高度

夜光雲

紅色精靈
（發光現象）

0℃

火山噴煙

無線電探空儀（觀測儀器）

貝母雲

卷積雲

噴射機

砧狀雲

高積雲

富士山
（3776公尺）

層積雲（波浪雲）

積雨雲
（雷雲）

層雲（霧雲）

哈里發塔
（世界第一高樓，828公尺）

0℃　　　　15℃　　　　　　　50℃

熱氣層

中氣層

平流層

對流層

47

14 由**大氣環流**和**洋流**所**形成**的**地球氣候**

　　地球每個地區的氣象都不一樣。舉例來說，肯亞、泰國等低緯度國家，多雨季節（雨季）和少雨季節（乾季）的界線十分明顯。印度則是每到夏天，西南風會將大量的水蒸氣送至內陸，並造成大量降雨。

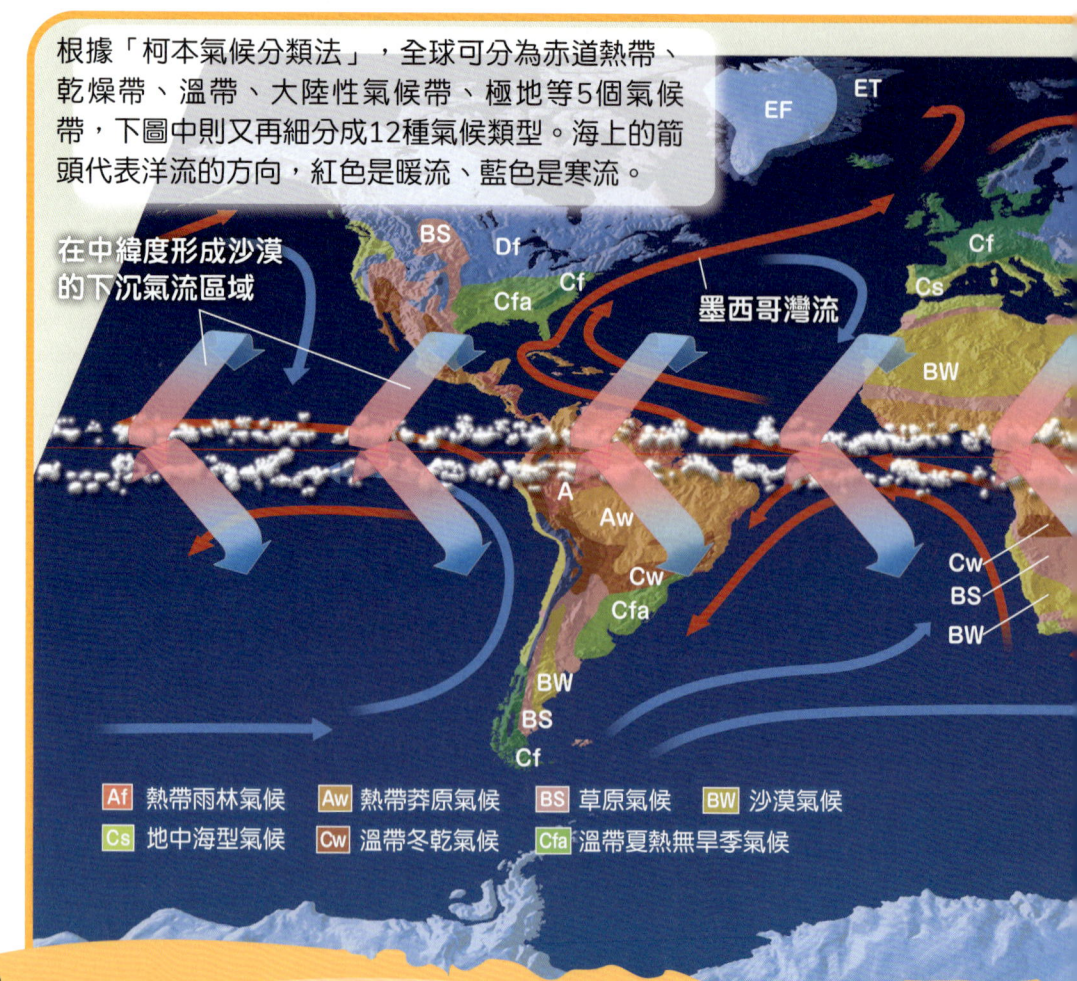

　　根據「柯本氣候分類法」，全球可分為赤道熱帶、乾燥帶、溫帶、大陸性氣候帶、極地等5個氣候帶，下圖中則又再細分成12種氣候類型。海上的箭頭代表洋流的方向，紅色是暖流、藍色是寒流。

在中緯度形成沙漠的下沉氣流區域

墨西哥灣流

| Af 熱帶雨林氣候 | Aw 熱帶莽原氣候 | BS 草原氣候 | BW 沙漠氣候 |
| Cs 地中海型氣候 | Cw 溫帶冬乾氣候 | Cfa 溫帶夏熱無旱季氣候 |

> 1 地球的構造

　　像這樣不同地區在一年內會出現的特定氣象現象，就稱為「氣候」。

　　氣候與大氣環流及洋流有相當密切的關係。洋流與氣候之間的關聯，可舉英國的氣候為例來說明。英國的近海有從赤道附近流過來的暖流，因此雖然位於高緯度地區，英國仍屬於溫帶氣候。

　　在大氣和洋流的作用以及山脈等地形的影響下，造就了地球氣候的多樣性。

柯本氣候分類

ET
EF
Df
Dw
Df
Cfa
BS
BW
ET
BW
Aw
BW　Cfa
Cs　BS
　　Cf

親潮
黑潮

南極環流

EF

赤道附近不只雲量多，降雨量也偏多喔

- Cf 溫帶海洋性氣候
- Df 大陸性濕潤氣候
- Dw 大陸性冬乾氣候
- ET 苔原氣候
- EF 冰原氣候

想知道更多

「柯本氣候分類」是以全球植被分布作為氣候分類的依據。

49

下課時間

地球以前的氣候是如何呢？

　　2萬年前左右的地球比現在還要冷，當時北半球的冰蓋面積也比現今大得多。冰蓋指的是覆蓋在廣大陸地上的冰層，由積雪長年累月積聚而成。然而，冰蓋的面積正在逐漸減少中。

　　一般認為原因除了大氣和洋流的影響外，公轉軌道的形狀、自轉軸的傾角、地球距離太陽最近的時期等也都出現變化，造成全球暖化所導致。

| 約2萬1000年前 | 約 9000 年前 | 現在 |

北半球的冰蓋變化。約2萬年前的氣候比現在寒冷，且冰蓋的面積相當廣大。

第 **2** 節課

地球是顆奇蹟星球

地球這顆星球的存在,以及我們能生活在地球這顆行星上,其實是好幾個奇蹟共同作用的結果。究竟有哪些奇蹟呢?讓我們一起來看看吧。

發生了什麼事呢?

01 太陽的壽命長到足以讓地球孕育生命

太陽的壽命很長，對地球來說是件幸運的事。如果太陽是比現在重上8倍的恆星，那麼大概誕生後數千萬年就會迎來壽命的終點。恆星跟生物一樣也有生命結束的一天，較重的

> 恆星也有壽終正寢的一天！

筆記

質量比太陽輕的恆星壽命較長，有的甚至可持續發光數百億年；與太陽同重的恆星，能維持穩定光度的時間大約是100億年。最後會膨脹演化成紅巨星，噴發出行星狀星雲；比太陽重8倍的恆星，最慢在數千萬年以內就會引發超新星爆炸，整個星體灰飛煙滅。

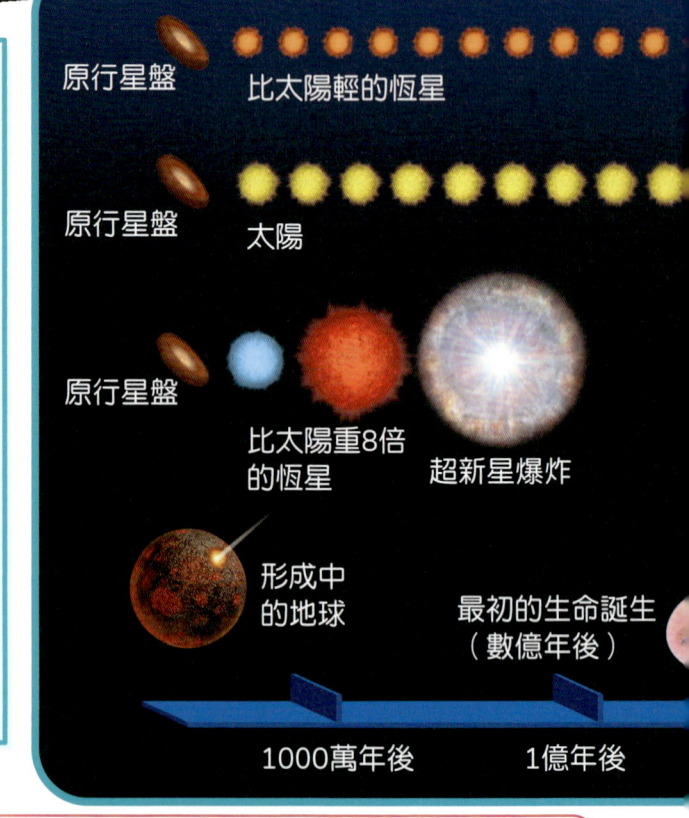

原行星盤　比太陽輕的恆星

原行星盤　太陽

原行星盤　比太陽重8倍的恆星　超新星爆炸

形成中的地球　最初的生命誕生（數億年後）

1000萬年後　　1億年後

想知道更多
若太陽進入紅巨星的階段，地球也可能會被太陽吞噬掉。

恆星會引發「超新星爆炸」來做為生命的終結。在其周圍的行星，則有可能因大爆炸而被炸飛。

太陽約在46億年前誕生。地球也在同一時期（約45.4億年前）形成，於數億年後孕育出最初的生命（約38億～41億年前），且直到45億年後才有人類出現（約280萬～30萬年前）。地球上之所以有生命誕生，我們人類之所以能夠出現，都是拜太陽的壽命夠長所賜。根據估算，太陽在未來近50億年內仍可維持穩定發光。

恆星的壽命與地球的歷史

紅巨星

行星狀星雲

寒武紀生命大爆發
（約40億年後）

人類的誕生
（約45億年後）

這幅插圖為地球生命演化的示意圖，下方的藍線時間軸與上方的恆星壽命相對應。由圖可知，較重的恆星在孕育出生命前，壽命就已經終止。

10億年後　　　　　　　100億年後

02 地球繞著一定的軌道公轉

　　太陽系的行星繞行太陽公轉的軌道，幾乎是正圓形[編註]。然而，太陽系以外的「恆星系統」中，也有巨行星的公轉軌道形狀是細長的圓形（橢圓形）。其實，太陽系中巨行星的公轉軌道皆近似正圓形，對地球來說是相當幸運的。

　　行星的公轉軌道若為橢圓形，行星之間有時可能會非常接近。如果靠近地球的是像木星、土星這般的巨行星，會導致地球的公轉軌道逐漸偏移，最終則可能會太靠近太陽或是被甩出太陽系。無論與太陽的距離比現在更近或是更遠，地球上的生命都將難以生存。

　　另一個幸運是，木星等巨行星並沒有這麼重。若巨行星比現在重上數倍的話，地球的公轉軌道也將受到干擾。

編註：地球繞太陽公轉的軌道實際上是一個橢圓，半長軸 1 億 4960 萬公里，半短軸 1 億 4958 萬公里，相差 2 萬公里，太陽位於其中的一個焦點上，因此在地球的公轉軌道上，每年 1 月 3 日左右距離太陽最近，約 1 億 4710 萬公里，稱為近日點，7 月 4 日左右距離太陽最遠，約 1 億 5210 萬公里，稱為遠日點，兩點相差約 500 萬公里。

想知道更多

太陽系以外的行星「系外行星」，到目前為止已經發現超過 5000 顆以上。

如果土星距離地球非常近

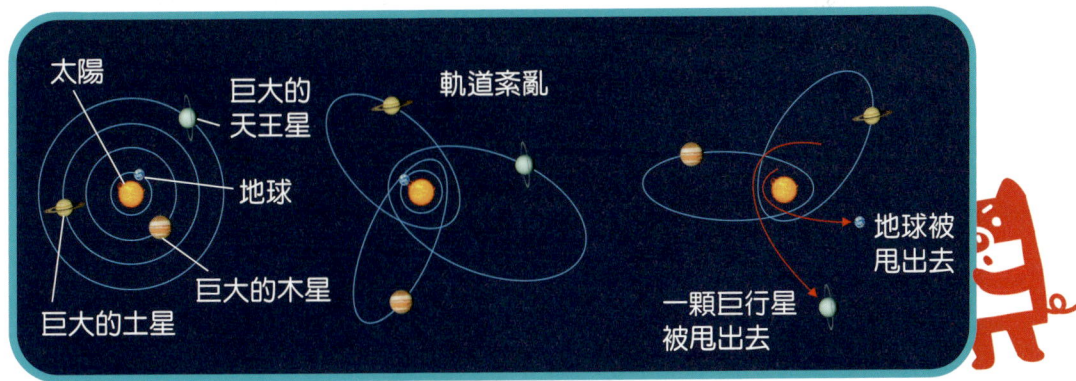

插圖是極接近地球的土星示意圖。假設木星、土星、天王星的質量是目前質量的兩倍，3顆行星的軌道會明顯偏離，土星將如圖示般在夜空中清晰可見。如此一來，地球的軌道也會因土星重力的影響而改變。而地球可能終將被甩出太陽系，或是被太陽、巨行星給吞噬掉。

太陽　巨大的天王星　地球　巨大的木星　巨大的土星

軌道紊亂

地球被甩出去　一顆巨行星被甩出去

根據電腦模擬的結果，若太陽系的木星、土星、天王星的質量皆為目前質量的兩倍，行星的公轉軌道約1000萬年就會出現大幅偏移。當軌道紊亂的巨行星行經如地球般的內行星附近，該行星的軌道也會被打亂，有時甚至被完全拋出太陽系外。

03 地球「只需」24小時就能轉一圈

　　地球旋轉一圈（自轉）約24小時，亦即自轉週期為24小時。太陽系的其他行星也會自轉，但自轉週期都不一樣。例如木星是9小時55分，金星約為243天。

　　如果地球的自轉週期比現在還要長，那麼地球的環境也將完全不同。「只需」24小時就能自轉一圈，對地球來說何其幸運。

　　右頁是假設地球的自轉週期為一年的想像圖。地球繞行太陽公轉一圈需要一年，若在這段期間內地球只自轉一圈，就代表地球始終以同一面朝向太陽。面向太陽照射的半球將永遠是白天，背向太陽的半球則永遠是黑夜。編註

　　如此一來，永晝的半球會始終酷熱乾燥，遍布沙漠，永夜的半球則始終陰暗酷寒，被冰河（冰蓋）覆蓋。

編註：由於地軸傾斜23.5度，南、北極圈內，夏季及冬季一段時間內，會出現24小時太陽都在地平線以上或是都在地平線以下的現象，稱為永晝或永夜。離極點越近的緯度範圍，永晝或永夜的時間將越長，南極點與北極點的永晝或永夜時間長達半年。

想知道更多

月球的自轉週期與繞行地球的公轉週期相同，所以總是以同一面朝向地球。

2 地球是顆奇蹟星球

一年自轉一圈的地球

永夜半球
（被巨大冰河覆蓋）

延伸至永晝半球的冰河

永晝半球
（沙漠）

冰河融化後釋放出液態水的區域，植物呈現綠色外觀

地球一年若只自轉一圈，永晝半球會因水不斷蒸發而逐漸沙漠化。蒸發的水蒸氣移轉至寒冷的永夜半球後，變成雪落下並堆積。由於積雪不會融化消失，最後就形成了冰河。永晝和永夜的環境條件都十分嚴苛，但兩者的交界處可能存在著生命活動的跡象（插圖中的綠色部分）。

只是自轉週期較長，變化就這麼大嗎？

57

04 地球上具有**能孕育生命**的液態水

無論地球是多麼適宜居住的地方，若沒有水的話，地球上的生命將無法存續。舉例來說，我們的身體是由約17～36兆個細胞所組成（細胞數量根據性別、年齡、體重等因素而不同）。如果水沒有「極性」這個特性，包覆在細胞外的

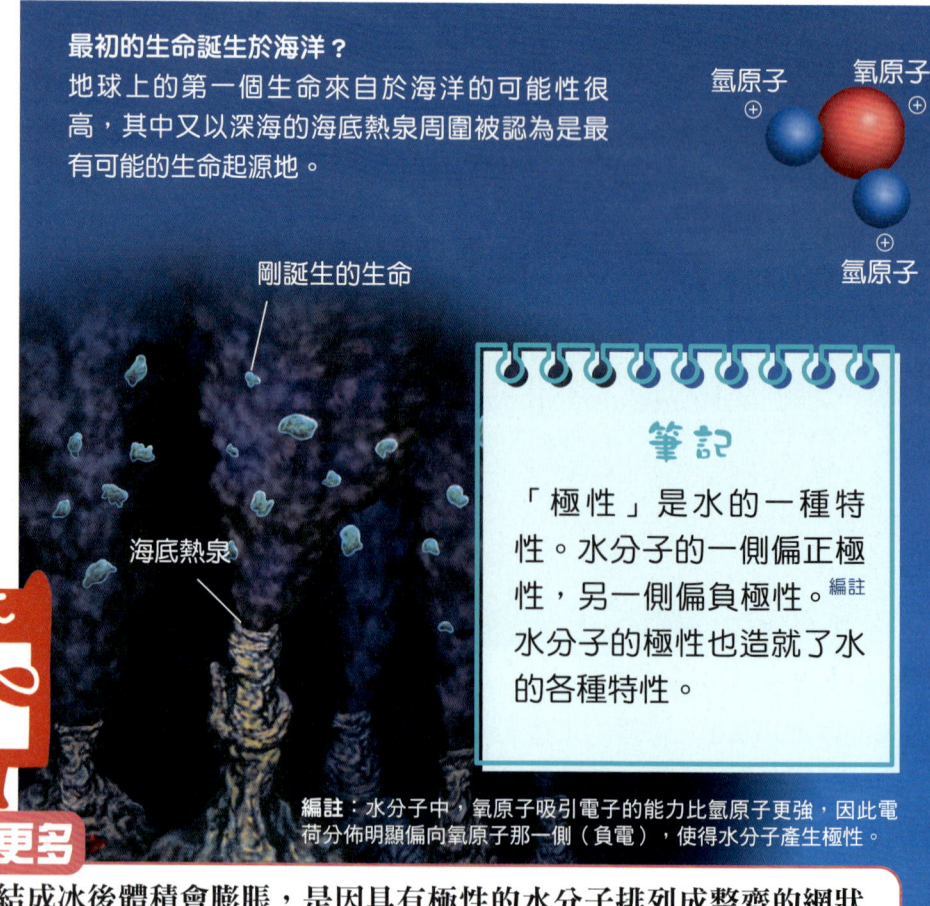

最初的生命誕生於海洋？
地球上的第一個生命來自於海洋的可能性很高，其中又以深海的海底熱泉周圍被認為是最有可能的生命起源地。

氫原子　氧原子　氫原子

剛誕生的生命

海底熱泉

筆記
「極性」是水的一種特性。水分子的一側偏正極性，另一側偏負極性。編註 水分子的極性也造就了水的各種特性。

編註：水分子中，氧原子吸引電子的能力比氫原子更強，因此電荷分佈明顯偏向氧原子那一側（負電），使得水分子產生極性。

想知道更多
水結成冰後體積會膨脹，是因具有極性的水分子排列成整齊的網狀結晶，使分子間的空間增加。

2 地球是顆奇蹟星球

「細胞膜」很快就會破裂，造成細胞損壞與死亡。

而且，水具有能夠溶解大多數物質的性質。當我們生存所需的物質溶解於水中，即可在生物體內移動並運送到各個需要的地方。

構成物質的原子、分子因周圍的影響而變化的「化學反應」，會不斷在我們的體內發生，如此才能維持人體的生命活動，而幾乎所有的化學反應都是在水中進行。

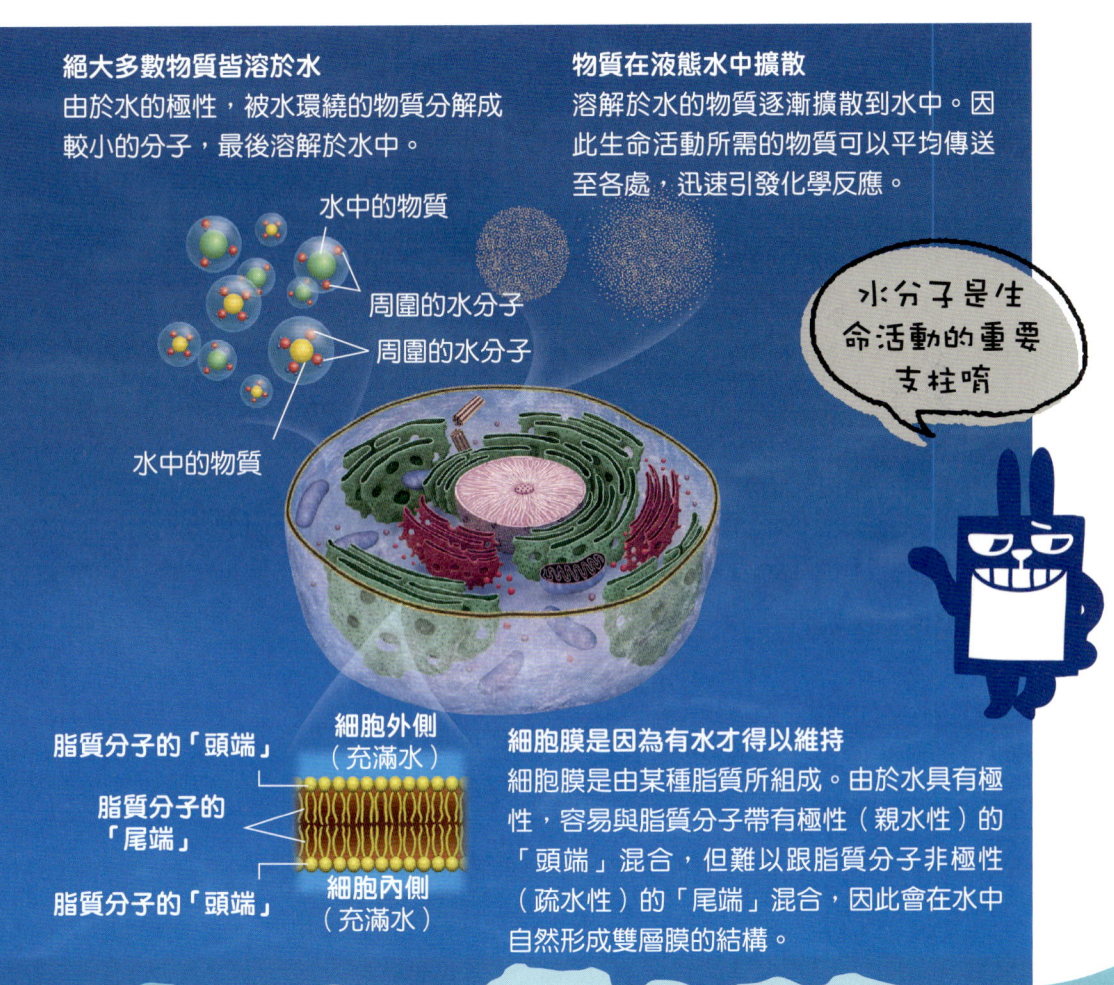

絕大多數物質皆溶於水
由於水的極性，被水環繞的物質分解成較小的分子，最後溶解於水中。

物質在液態水中擴散
溶解於水的物質逐漸擴散到水中。因此生命活動所需的物質可以平均傳送至各處，迅速引發化學反應。

水中的物質
周圍的水分子
周圍的水分子
水中的物質

水分子是生命活動的重要支柱唷

脂質分子的「頭端」
脂質分子的「尾端」
脂質分子的「頭端」
細胞外側（充滿水）
細胞內側（充滿水）

細胞膜是因為有水才得以維持
細胞膜是由某種脂質所組成。由於水具有極性，容易與脂質分子帶有極性（親水性）的「頭端」混合，但難以跟脂質分子非極性（疏水性）的「尾端」混合，因此會在水中自然形成雙層膜的結構。

05 地球位於液態水得以存在的絕佳位置

　　行星上要有液態水存在，需具備兩個條件。其一是地表溫度須在0～374℃的範圍內，其二是必須為岩石型行星。何其幸運，這兩個條件地球都符合。

　　在一般大氣壓力的情況下，當水達到100℃的沸點時就會變成氣體。但如果壓力夠大，只要溫度不超過374℃（水的臨界溫度），水仍能以液態的形式存在。一旦溫度超過374℃，即便壓力再大，水也無法以液態形式存在。此外，當溫度低於0℃時水就會結冰。太陽系中液態水能存在於行星表面的區域稱為「適居帶」，地球就位處於這個區域中。

　　地球是太陽系四顆岩石型行星（第24頁）的其中一顆，岩石型行星的表面有可以匯集雨水的陸地。而像木星、天王星這樣的氣態與冰質巨行星，則沒有能讓液態水穩定存在的環境。

編註：行星大氣層中的原子與離子，會被具電磁力的太陽風（第42頁）奪走，導致大氣逃逸。但當岩石型行星的體積大於火星時，大氣逃逸率會下降，因為行星的引力增加，使得原子更難離開大氣層。

想知道更多

聖母峰山頂上的氣壓很低，水在70℃左右就會沸騰。

2 地球是顆奇蹟星球

太陽系的適居帶

插圖中的紅色區域因距離太陽過近，行星上的液態水已完全蒸發。其外側的黃綠色和水藍色區域為「適居帶」（適合生命存在的區域）。行星的大氣層具有「溫室效應」（第164頁），能夠維持地表的溫度。黃綠色區域就算沒有溫室效應，溫度仍可讓液態水存在；水藍色區域則必須要有溫室效應，才能讓液態水存在（若溫室效應過小，水就會結凍）。而更外側的藍色區域即使有溫室效應，行星的表面也會結凍。

太陽　　水星　　金星　　地球　　　　火星

小行星很難維持住液態水

實際大小的地球

半徑0.6倍的地球　　半徑0.5倍的地球

如果地球的半徑是目前的0.6倍，地球上84%的水可能會消失。若縮小版地球的地形和現在一樣的話，那麼水深小於2000公尺的區域都將變成陸地。雖然火星位於適居帶，但已知表面並無液態水，原因就出在火星的大氣層相對較薄。而火星的大氣層稀薄，則是因為體積太小的緣故。編註

61

06 地球的自轉軸擁有絕妙的傾斜角度

　　地球上有季節的變化，比如溫帶地區一年可分為春、夏、秋、冬四季。地球之所以有季節的劃分，是因為地球繞太陽公轉期間，太陽照射同一半球（北半球或南半球）的角度（入射角）會隨著季節變化所致。入射角較大時（90度垂直照射時最大），氣溫會上升（夏季）；入射角較小時（斜射），溫度會下降（冬季）。季節的更迭為我們帶來許多恩

插圖中為1～12月從東京（北緯35度）觀測到的太陽軌跡，並以紅線描繪出一天中的移動路徑。紅線上的點是太陽每個小時的位置。水藍色天空的中心位置是自己的正上方，左方為東、上方為南、右方為西、下方為北（頭朝南，躺著仰望天空的狀態）。隨著季節不同，太陽的移動路徑也有很大的變化。

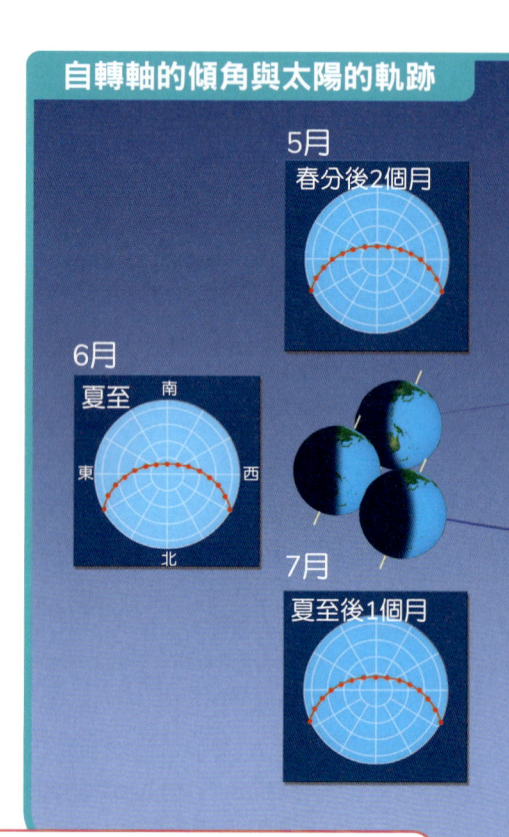

只是稍微傾斜就能形成季節變化呢！

自轉軸的傾角與太陽的軌跡

5月
春分後2個月

6月
夏至

7月
夏至後1個月

想知道更多
地球的自轉軸又稱為地軸，其傾斜角度的變動約在正負1度之間。

惠，地球上的豐富植被就是其中之一。

太陽照射同一半球（北半球或南半球）的角度隨季節變化，與地球的自轉軸相對於公轉面傾斜23.4度有關。由於地球的自轉軸以此傾角自轉的同時，也繞著太陽公轉，因此地球同一半球（北半球或南半球）在不同的公轉軌道位置與太陽的相對位置不同，太陽照射同一半球（北半球或南半球）的角度也有變化。

如果自轉軸的傾斜角度再更大些，則不只季節就連晝夜也會與地球不同。自轉軸傾角約98度、幾乎是橫躺著運行的天王星，每隔42年才能出現一次晝夜交替。

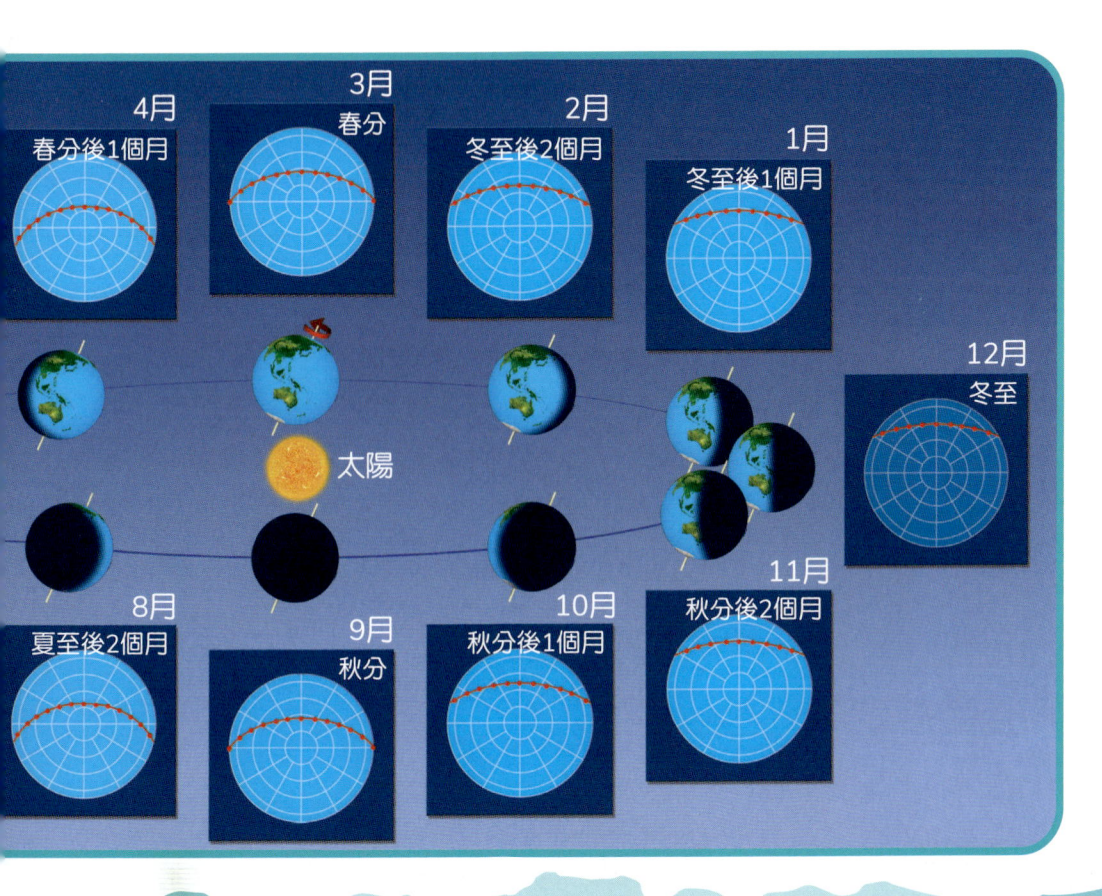

4月 春分後1個月
3月 春分
2月 冬至後2個月
1月 冬至後1個月
12月 冬至
太陽
8月 夏至後2個月
9月 秋分
10月 秋分後1個月
11月 秋分後2個月

07 二氧化碳在調節地球氣溫上扮演重要的角色

在地球上，二氧化碳會透過狀態的轉換，不斷在大氣、海洋和地球內部間循環。

如果地球的氣溫較低（插圖右），從大氣中經由下雨移除的二氧化碳就會比氣溫較高時少。這是因為氣溫較低導致

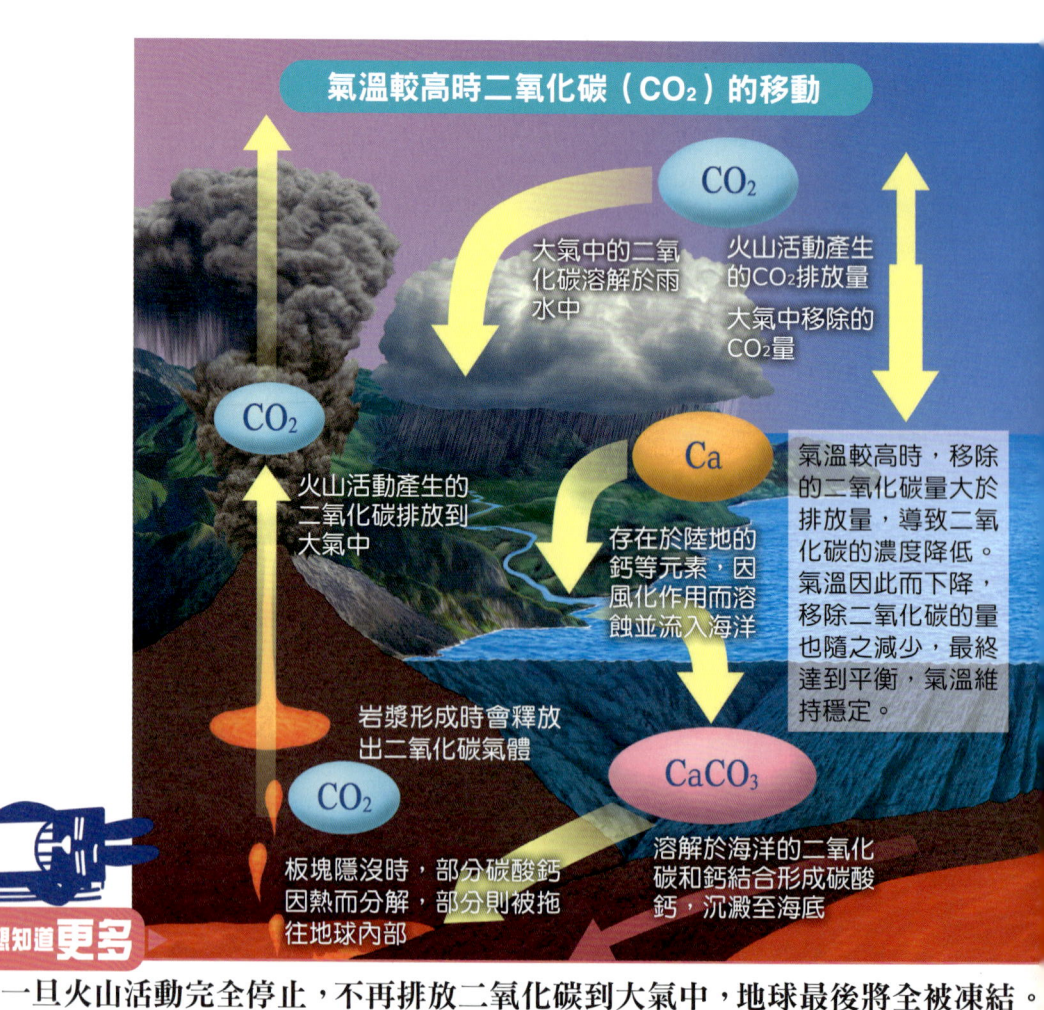

氣溫較高時二氧化碳（CO_2）的移動

火山活動產生的CO_2排放量

大氣中移除的CO_2量

大氣中的二氧化碳溶解於雨水中

火山活動產生的二氧化碳排放到大氣中

存在於陸地的鈣等元素，因風化作用而溶蝕並流入海洋

岩漿形成時會釋放出二氧化碳氣體

板塊隱沒時，部分碳酸鈣因熱而分解，部分則被拖往地球內部

溶解於海洋的二氧化碳和鈣結合形成碳酸鈣，沉澱至海底

氣溫較高時，移除的二氧化碳量大於排放量，導致二氧化碳的濃度降低。氣溫因此而下降，移除二氧化碳的量也隨之減少，最終達到平衡，氣溫維持穩定。

想知道更多
一旦火山活動完全停止，不再排放二氧化碳到大氣中，地球最後將全被凍結。

雨量減少，雨水溶解陸地礦物質經由河川流入海洋的鈣跟著變少，與溶解於海洋的二氧化碳形成碳酸鈣的量也較少。反之，氣溫較高時，碳酸鈣的量也較多。

然而，當大氣中移除的二氧化碳量減少時，相較之下，來自火山的二氧化碳排放量增加，二氧化碳聚集在大氣中並造成溫室效應，氣溫就會升高。相反的，如果從大氣中移除的二氧化碳量增加，氣溫就會降低。也就是說，調節地球氣溫的關鍵在於二氧化碳。

氣溫較低時二氧化碳（CO_2）的移動

不論氣溫高還是低，最終都會趨於穩定喔！

火山活動產生的CO_2排放量
大氣中移除的CO_2量

大氣中的二氧化碳溶解於雨水中。氣溫較低時水分不易蒸發，因此降雨也跟著減少

Ca
存在於陸地的鈣等元素經雨水沖刷溶解流入海洋。由於降雨少、氣溫低，風化作用相對較弱

氣溫較低時，二氧化碳的排放量大於移除量，導致二氧化碳的濃度增高。氣溫因此而上升，移除二氧化碳的量也隨之增加，最終達到平衡，氣溫維持穩定。

火山活動產生的二氧化碳排放到大氣中。無論氣溫高低，排放量皆固定不變

岩漿形成時會釋放出二氧化碳氣體

$CaCO_3$
雖有碳酸鈣沉澱但量不多，因此移除大氣中二氧化碳的作用較弱

CO_2

板塊隱沒時，部分碳酸鈣因熱而分解，部分則被拖往地球內部

08 地球是太陽系中含氧量最高的行星

地球的大氣中約20%是氧氣，火星和金星的大氣則幾乎不含氧氣。正因為地球有產生氧氣的作用機制，生命才得以誕生。

氧氣是透過植物、藻類等的光合作用而產生。光合作用就是利用陽光的能量，將二氧化碳和水轉換成氧氣和碳水化合物的過程。

約24億年前，地球大氣中的氧氣開始增加。在這之前，則是地表被完全冰封的「雪球地球」狀態，光合作用所需的陽光幾乎無法到達冰層下方的海水。

直到冰層融化、陽光終於穿透海水^{編註}，除了海洋中原本豐富的營養素外，從陸地也流入許多營養物質，致使海洋中的藍菌大量增生。當藍菌活躍地進行光合作用，氧氣含量也開始迅速增加，地球就成為了一顆富含氧氣的行星。

編註：陽光中能量較低的紅光在水深約10公尺處消失，橙光在約40公尺處消失，黃光在約100公尺處消失。能量較高的藍光和綠光可以穿透得更深，當深度達到200公尺時，可見光幾乎被吸收殆盡，因此200公尺以上的「透光層」是海洋光合作用生物的主要聚集區。

想知道更多

藍菌是一種能行光合作用的細菌。

釋出營養素的海底熱泉

右圖為雪球地球時期從地球深海的海底熱泉湧出磷等營養素的想像圖。雖稱為雪球地球,但一般認為僅冰封至水深1000公尺左右,深海並未結凍。

營養素

海底熱泉

光合作用所產生的氧氣

下圖是藍菌行光合作用並釋放出氧氣泡泡的示意圖。隨著地球擺脫雪球地球的狀態,陽光終於能透進海水,藍菌也開始活躍地進行光合作用。

2 地球是顆奇蹟星球

09 地球是唯一適合居住的行星嗎？

地球是太陽系中唯一已知有生命存在的行星。行星擁有生命的條件，是必須要有與地球一樣的富饒環境。因此人們對於太陽系以外的「系外行星」，是否有與地球環境相似的星體很感興趣。

地球所在的銀河系，據說有數千億顆恆星。數量如此龐大，當然也可能擁有生命存在的行星。

1961年，一位名叫法蘭克‧德瑞克的天文學家發表了一個方程式，用來估算「銀河系中可能存在與我們接觸的外星文明數量」。

根據這個方程式，德瑞克博士認為可能與我們接觸的外星文明大約有10個[編註1]，但發展出生命的比例等要素，其實目前都還沒有具體的數值。今後，隨著系外行星的調查不斷深入，或許有一天在地球之外，也能夠找到存在生命或文明的行星。

編註 1：2020 年 6 月，英國諾丁漢大學（University of Nottingham）的科學家研究發現，銀河系至少應有 36 個智慧文明。
編註 2：克卜勒太空望遠鏡 2018 年 10 月 30 日因燃料耗盡而退役。

想知道更多

由 NASA 發射的克卜勒太空望遠鏡觀測到 530,506 顆系外行星，截至 2023 年已確認 2,778 顆。[編註2]

2 地球是顆奇蹟星球

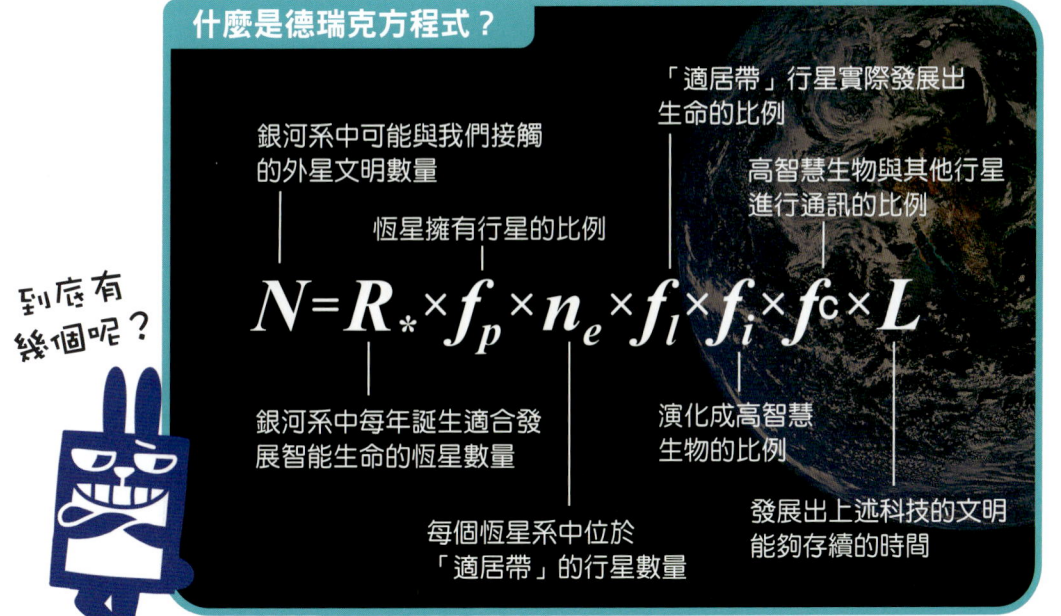

能找到有生命存在的系外行星嗎？

插圖為系外行星的想像圖。自1995年首次發現太陽系以外的行星以來，如太陽系木星般的系外巨行星也相繼被發現。因此，目前推測銀河系中可能存在著許多與地球相似的行星。

什麼是德瑞克方程式？

到底有幾個呢？

$$N = R_* \times f_p \times n_e \times f_l \times f_i \times f_c \times L$$

- 銀河系中可能與我們接觸的外星文明數量
- 恆星擁有行星的比例
- 銀河系中每年誕生適合發展智能生命的恆星數量
- 每個恆星系中位於「適居帶」的行星數量
- 「適居帶」行星實際發展出生命的比例
- 高智慧生物與其他行星進行通訊的比例
- 演化成高智慧生物的比例
- 發展出上述科技的文明能夠存續的時間

下課時間

地球可能會變得和金星一樣！

金星的大小和地球差不多，也大約在同一時期形成。因此，地球誕生初期的大氣被認為與金星類似。

然而，金星的大氣層絕大部分都是二氧化碳（佔96.5%）。由於溫室效應，地表溫度高達460°C。

如果地球的二氧化碳不像現在僅占大氣的0.04%，則地球可能會變成像金星一樣。

> 溫度太高不適合居住呀～

根據麥哲倫號金星探測器的觀測數據所製作的金星影像。

第 3 節課

地球原來是這樣誕生的

地球原本只是太陽系的天體之一，後來才變成一顆有生命居住的行星。地球是如何形成、生命又是怎麼誕生的呢？讓我們一起來看看吧。

好想快點知道！

01 地球的歷史可大致劃分為前寒武紀及顯生宙

（年前）◂138億　　　　　　46億

宇宙誕生　　　　　　　　地球形成

◂46億　　40億　　　　　　　　25億　　　　　　　　　　　　　　5.4億

| 冥古宙 | 太古宙 | 元古宙 | 顯生宙 |

- ▼月球形成（約45億年前）
- ▼大氣、海洋、地殼、地函、地核形成（46億～45億年前）
- ▼生命誕生（41億～38億年前）
- ▼大陸出現（40億～37億年前）
- ▼地球磁場增強（30億～25億年前）
- ▼大陸急速擴張（約27億年前）
- ▼大氧化事件（24億～20億年前）
- ▼雪球地球（24億年前、23億年前、22億年前）
- ▼臭氧層形成（22億年前）
- ▼真核生物出現（～20億年前）
- ▼雪球地球（7億年前、6.5億年前）
- ▼體型較大的多細胞生物出現（埃迪卡拉海洋花園5.7億年前）

超大陸
妮娜大陸
（19億年前）

超大陸
羅迪尼亞大陸
（11億～7億年前左右）

◂5.4億　　4.9億　　4.4億　　4.2億　　　　3.6億　　　　3.0億

| 寒武紀 | 奧陶紀 | 志留紀 | 泥盆紀 | 石炭紀 | 二疊紀 |

古生代

- ▼寒武紀生命大爆發（5.4億年前）
- ▼植物崛起（4.7億年前）
- ▼魚類崛起（4.2億年前）
- ▼脊椎動物登上陸地（3.9億年前）
- ▼大森林形成（3.6億年前）

想知道更多
只能透過地質調查來追溯歷史的時代稱為「地質時代」。

3 地球原來是這樣誕生的

地球誕生於約45.4億年前。接下來的地球演化，可大致分為化石中幾乎沒有肉眼可見生物的「前寒武紀」，以及已出現大型生物的「顯生宙」。

前寒武紀由古至今可分成「冥古宙」、「太古宙」、「元古宙」（原稱元古元，首尾字重複，但字意不同，學界漸以宙取代元），而顯生宙由古至今又可細分為「古生代」、「中生代」、「新生代」。

地球自誕生以來的大事件

插圖為地球從誕生到現在所發生的大事年表。約45.4億年前地球形成後的歷史，能依據地層和化石的特徵再加以詳細劃分。尤其在大型生物出現後，可利用該時代才有的生物作為「指標化石」來判斷年代。此劃分方式稱為「地質時代劃分」。

編註1：國際地層委員會已不再承認第三紀是正式的地質年代名稱，並拆分為古近紀（古第三紀）與新近紀（新第三紀）兩個時期。

編註2：三大物種為滅絕事件的倖存者、短暫繁榮的新群體、繼續主宰中生代的其他新群體。

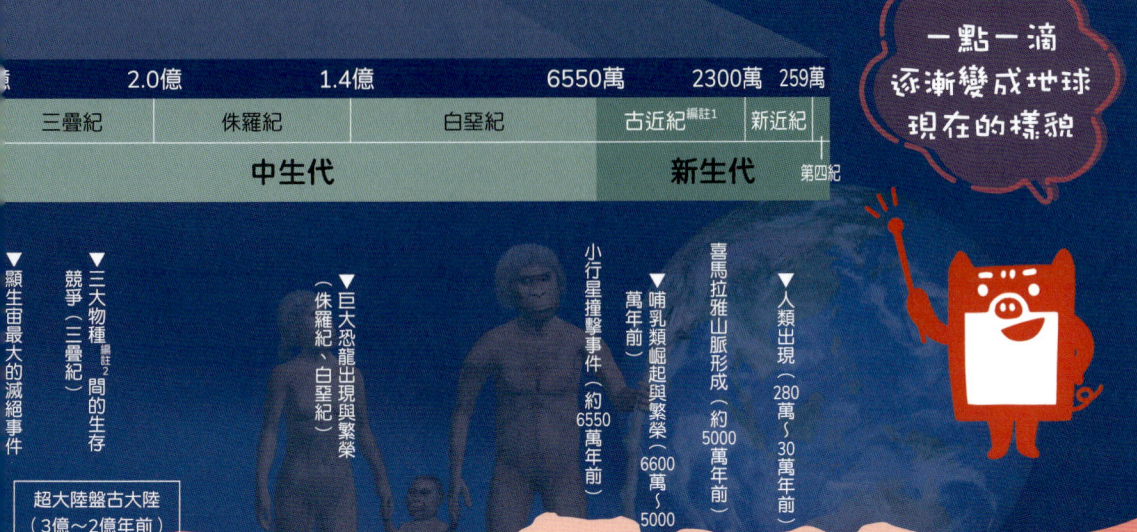

2.0億	1.4億		6550萬	2300萬	259萬
三疊紀	侏羅紀	白堊紀	古近紀 編註1	新近紀	第四紀
中生代			新生代		

一點一滴逐漸變成地球現在的樣貌

▼顯生宙最大的滅絕事件

▼三大物種 編註2 間的生存競爭（三疊紀）

▼巨大恐龍出現與繁榮（侏羅紀、白堊紀）

▼小行星撞擊事件（約6550萬年前）

▼哺乳類崛起與繁榮 6600萬～5000萬年前

▼喜馬拉雅山脈形成（約5000萬年前）

▼人類出現（280萬～30萬年前）

超大陸盤古大陸（3億～2億年前）

02 地球是約45.4億年前在微行星反覆撞擊下發展而成

距今約46億年前，太陽系在銀河的一隅開始形成。

首先，飄浮在太空中的氣體因自身的重力而聚集。其中心後來成為太陽的一部分，並在周圍形成氣體圓盤，此即太陽系的雛型。

氣體圓盤中含有由岩石和冰所構成的「塵埃」。塵埃逐漸凝聚增大，最終成長到直徑數公里的「微行星」。

無數的微行星在反覆撞擊與合併後，形成了許多原行星。而原行星也藉由彼此間的不斷撞擊和合併，聚集剩餘的微行星並發展成更大的行星。其中之一就是地球。

關於行星的形成有多種理論。有一說法認為是由地球軌道內側的內行星開始形成；另一說法是木星先在塵埃聚集的軌道外側形成，經由引力帶來大量含冰的微行星，最後才形成類地行星。

筆記

在太陽系形成當時，有100億到1000億顆之多的微行星與原行星相撞。且原行星的表面還有地表岩石融化時形成的「岩漿海」（第127頁）。

3 地球原來是這樣誕生的

成長中的原始地球

> **想知道更多**
> 塵埃顆粒聚集在一起後，不一定會先形成微行星，也有可能直接發展成原行星。

75

03 月球是在火星大小的原行星與原始地球碰撞後形成的

月球是地球的衛星，一般認為是在地球誕生後不久形成。原因是在原始地球初形成時，曾與一顆火星大小（地球的一半左右）的原行星相撞。當時並非直接從正面碰撞，而是由斜角撞擊。

撞擊後有許多「碎片」（岩石物質）飛散至太空中，其中一部分的碎片開始繞著地球運行。四散的碎片在重力的吸引下又重新聚集，最終凝結成月球。月球的大小約為地球的四分之一。

此原行星的撞擊被稱為「大碰撞」。由於力道之大，整個地球內部的物質幾乎都被攪動了。

筆記

根據近年來的研究，「大碰撞」被認為是發生在地球形成後的 4000 萬年左右。而在 6550 萬年前導致恐龍滅絕的小行星（第 110 頁），其直徑還不到引發大碰撞的天體直徑的 1／300。

月球的形成對地球而言也是重大事件

3 地球原來是這樣誕生的

> **想知道更多**
> 另一個假說,則是認為月球是從高速旋轉的地球分裂出去的。

下課時間

月球的引力會導致海平面的升降？

地球上的潮汐是由月球和太陽所造成，潮汐指的是海平面發生週期性升降的現象。

以月球來說，引發潮汐的原因是月球對地球施加的引力，以及月球和地球互繞^{編註}時產生的地球離心力。地球靠近月球的一側，引力作用較強；遠離月球的一側，離心力作用較強。因此，在靠近月球一側與遠離月球一側的海平面都會上升。

太陽也會對地球造成潮汐作用，但由於太陽的位置比月球更遠，所以影響程度只有月球的一半左右。

當地球、月球、太陽呈一直線排列時，月球和太陽的引力有相加的作用，導致潮汐的水位變化最大（大潮）。另一方面，當太陽和地球間的連線及月球和地球間的連線互呈直角時，潮汐的水位變化最小（小潮）。

太陽

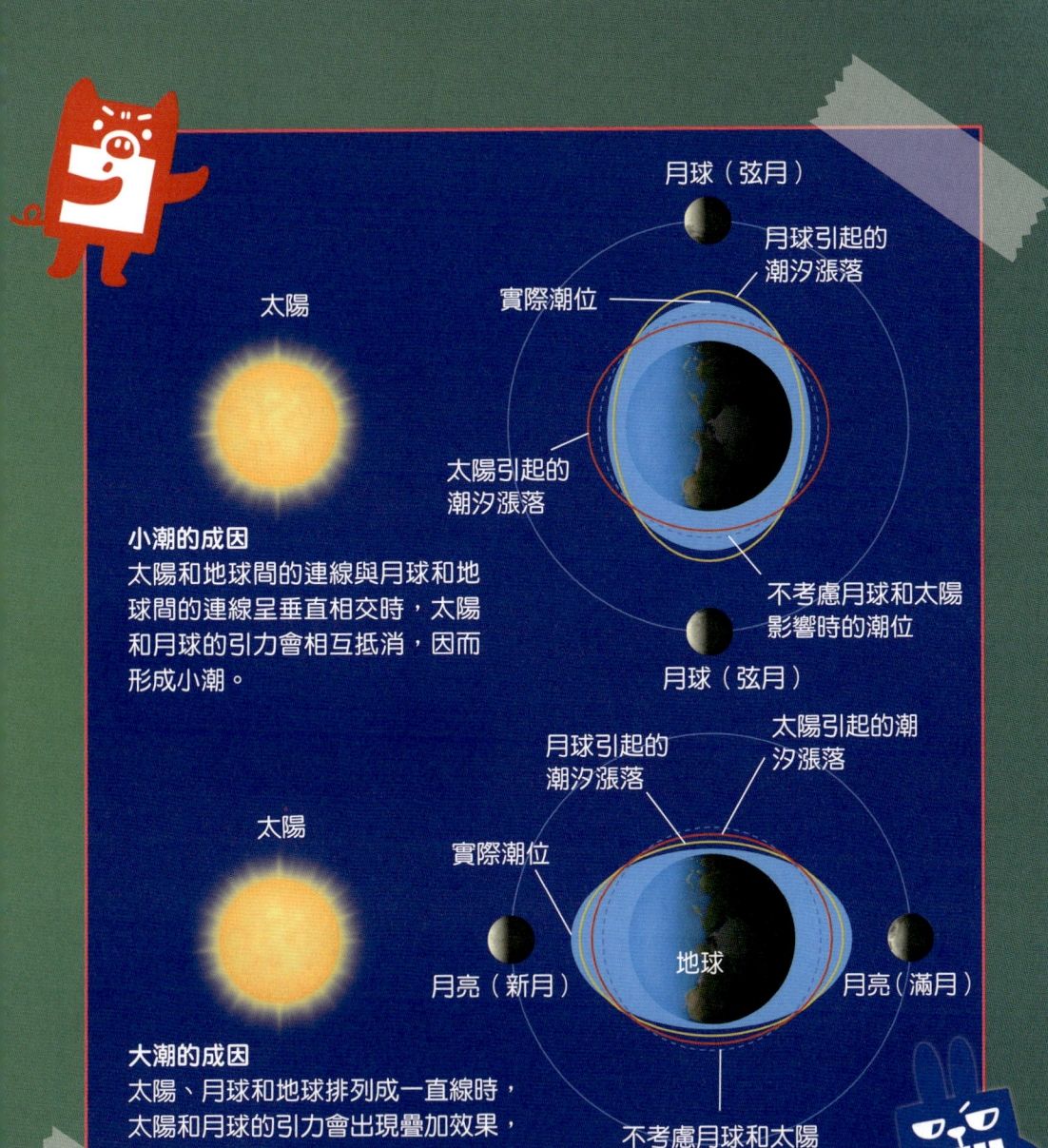

月球（弦月）

月球引起的
潮汐漲落

實際潮位

太陽引起的
潮汐漲落

不考慮月球和太陽
影響時的潮位

月球（弦月）

小潮的成因
太陽和地球間的連線與月球和地球間的連線呈垂直相交時，太陽和月球的引力會相互抵消，因而形成小潮。

月球引起的
潮汐漲落

太陽引起的潮
汐漲落

實際潮位

太陽

月亮（新月）

地球

月亮（滿月）

大潮的成因
太陽、月球和地球排列成一直線時，太陽和月球的引力會出現疊加效果，因而形成大潮。

不考慮月球和太陽
影響時的潮位

在弦月的時候為小潮，新月和滿月的時候為大潮。

編註：地球和月球是互相繞著一個共同質心旋轉。由於共同質心位於地球表面之下，因此地球圍繞共同質心的運動好像是在「晃動」一般。

79

04 陸地在40億年前形成，海洋在38億年前出現

如果發生大碰撞（第76頁），地球的表面一定會融化。有一說認為，接下來的數百萬年地球逐漸冷卻，大氣中的水蒸氣以雨的形式落到大地，雨水累積後就形成了海洋。

但地球上的陸地和海洋究竟是何時形成的，我們其實並不知道。目前只掌握了「大陸地殼」和「海洋地殼」何時已經存在的證據。[編註1]

大陸地殼指的是構成陸地[編註2]基礎的花崗岩質地殼。根據地質調查的結果，已在44億年前的地層中發現了花崗岩中最古老的礦物「鋯石」。

另一方面，海洋地殼指的是構成海底基礎的玄武岩質地殼。先前的研究已在距今38億年前的地層中，發現了玄武岩熔岩在水中結塊形成的枕狀熔岩。

編註1：大陸地殼與海洋地殼具有不同的化學成分和物理性質，是由不同的地質過程形成的。由於海洋板塊與大陸板塊碰撞後，會隱沒至大陸板塊的下方，消耗掉較老的海洋岩石圈，因此海洋地殼的年齡很少超過2億年，而新的海洋地殼則在中洋脊（第28頁）處不斷形成。

編註2：大陸地殼約佔地球表面積的41%，其中29%為陸地。

想知道更多

經地底的高溫及壓力變質而成的花崗岩，也是40億年前已存在大陸地殼的證據。

3 地球原來是這樣誕生的

剛發生大碰撞後的地球模樣。

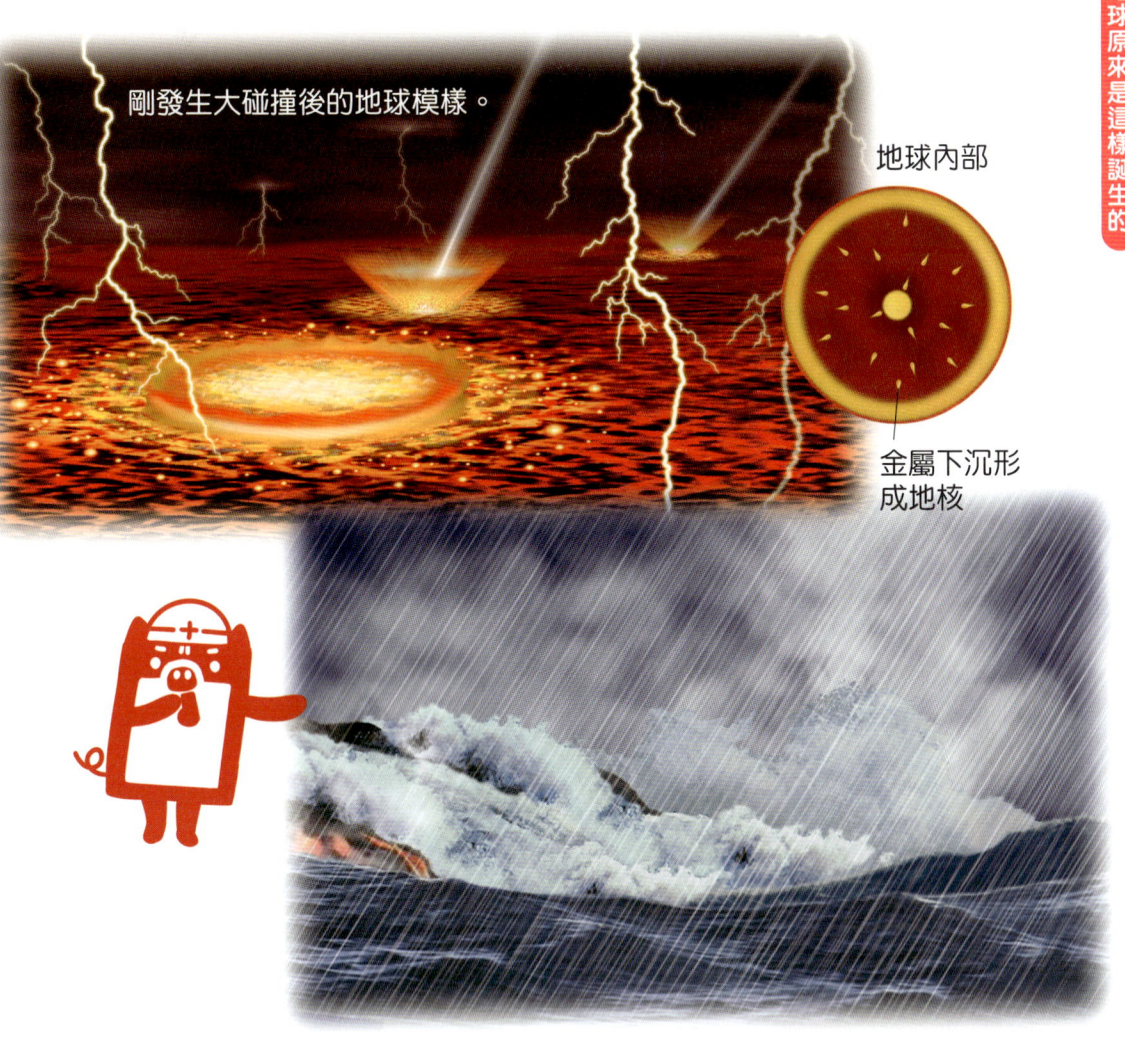

地球內部

金屬下沉形成地核

地球一開始並沒有陸地和海洋唷！

降至熾熱地表的雨水

插圖為剛發生大碰撞（第76頁）的地表（上），及數百萬年後雨水降落地表（下）的想像圖。因大碰撞而融化的地表，沉重的鐵慢慢沉澱至地球內部，形成了地核。如果大碰撞後經過數百萬年，開始有雨水落至地表的話，則該雨水不僅呈強酸性且溫度還高達數百°C。

05 最初的生命誕生於海洋？

　　如今地球上的所有生命皆是由細胞所組成。假設地球最初的生命是與細胞類似的結構（原始細胞），一般認為所需的物質可能大多來自「海底熱泉」。從海底滲入的海水被地下岩漿加熱後湧出，熱水中含有甲烷、氨等氣體。經過化學反應後形成更大的分子「胺基酸」，並成為組成生命體的重要元素。

　　胺基酸在熱水作用下連結成更大的分子時，會形成建構細胞的蛋白質。同樣的，磷酸和糖結合後會形成核酸，與蛋白質一起被薄膜包住後即成為原始細胞。當原始細胞能夠從外部吸收物質並轉換成生存所需的能量時，生命活動也就此開始。

　　這個地球最初的生命，推估是在距今41億～38億年前左右出現。

想知道更多
細胞從外界吸收物質並轉換成能量的過程，稱為「代謝」。

3 地球原來是這樣誕生的

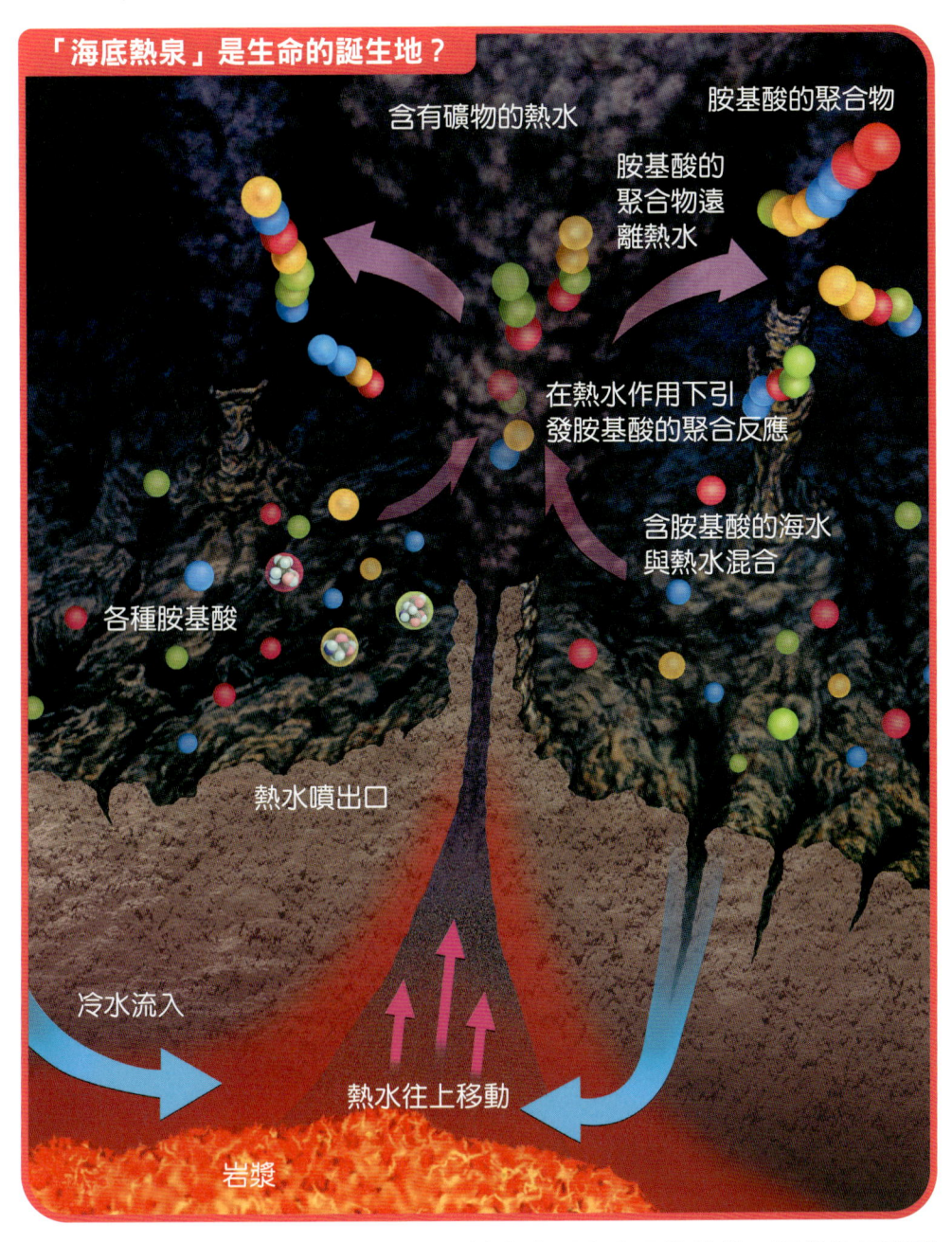

「海底熱泉」是生命的誕生地？

- 含有礦物的熱水
- 胺基酸的聚合物
- 胺基酸的聚合物遠離熱水
- 在熱水作用下引發胺基酸的聚合反應
- 含胺基酸的海水與熱水混合
- 各種胺基酸
- 熱水噴出口
- 冷水流入
- 熱水往上移動
- 岩漿

插圖是胺基酸在海底熱泉周圍齊聚，結合成更大分子的模樣。這樣的反應稱為「聚合」。溶解在海水中的物質，會因熱水的熱能引發如聚合般的化學反應。作為海水中有機物來源的甲烷和氨等分子，在熱水作用下變成更大的分子並演化成生命的「化學演化」，可能就發生在海底熱泉的附近。

06 最初的生命演化成擁有DNA的共同祖先

所有的生物細胞皆擁有DNA。DNA就像一幅能決定生物個體特性的藍圖，分子呈長鏈般排列。

在細胞內，是根據DNA的排列組合（訊息）製造出大量

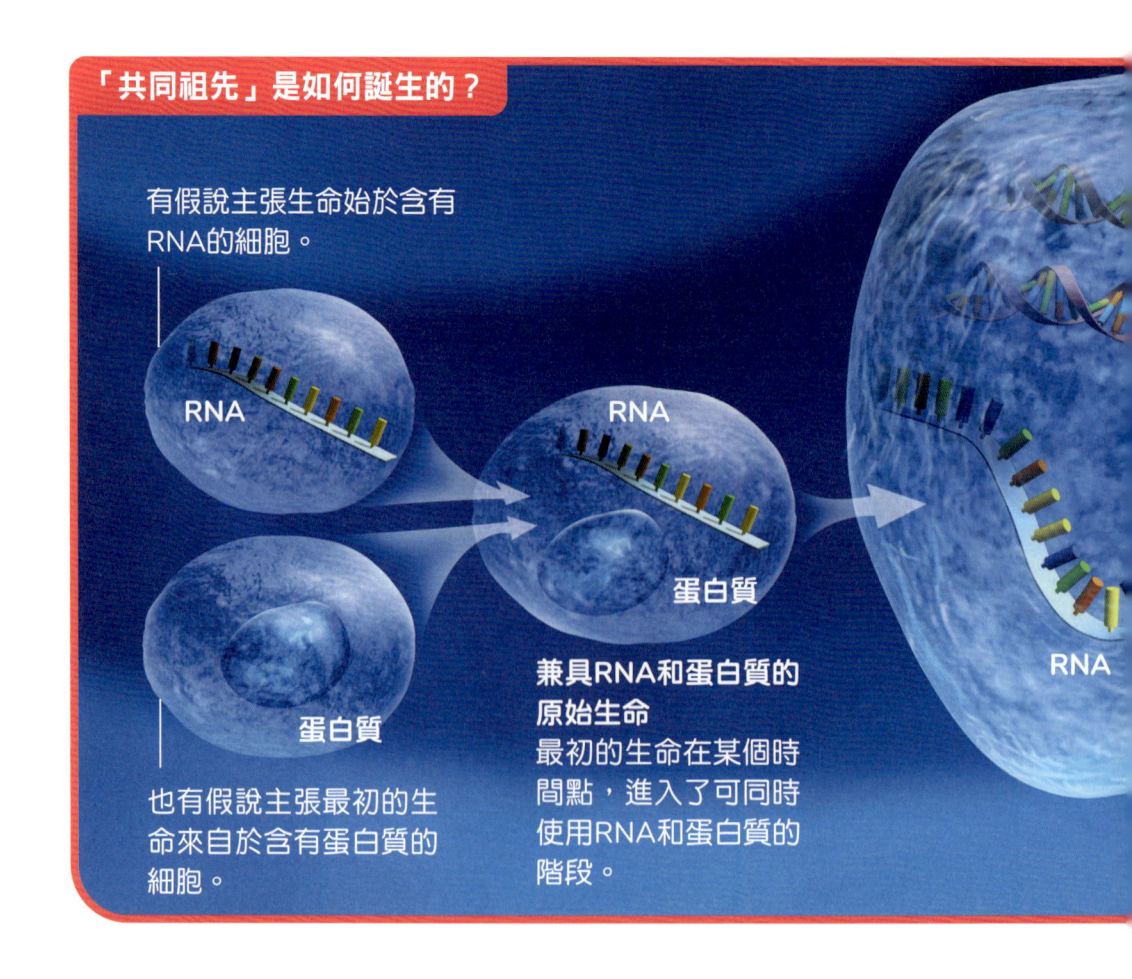

「共同祖先」是如何誕生的？

有假說主張生命始於含有RNA的細胞。

RNA

RNA

蛋白質

兼具RNA和蛋白質的原始生命
最初的生命在某個時間點，進入了可同時使用RNA和蛋白質的階段。

RNA

蛋白質

也有假說主張最初的生命來自於含有蛋白質的細胞。

的蛋白質。此時,訊息會先從DNA複製到RNA上。RNA具有傳遞DNA訊息的功能。

這種製造蛋白質的方法,地球上所有的生物都是相同的。因此有一派說法認為,所有的生物都源自於在某個時間點開始使用DNA、RNA、蛋白質進行生命活動的「共同祖先」。根據這個說法,最初的生命是只含有RNA或蛋白質的細胞,之後才演化成為也含有DNA的共同祖先。

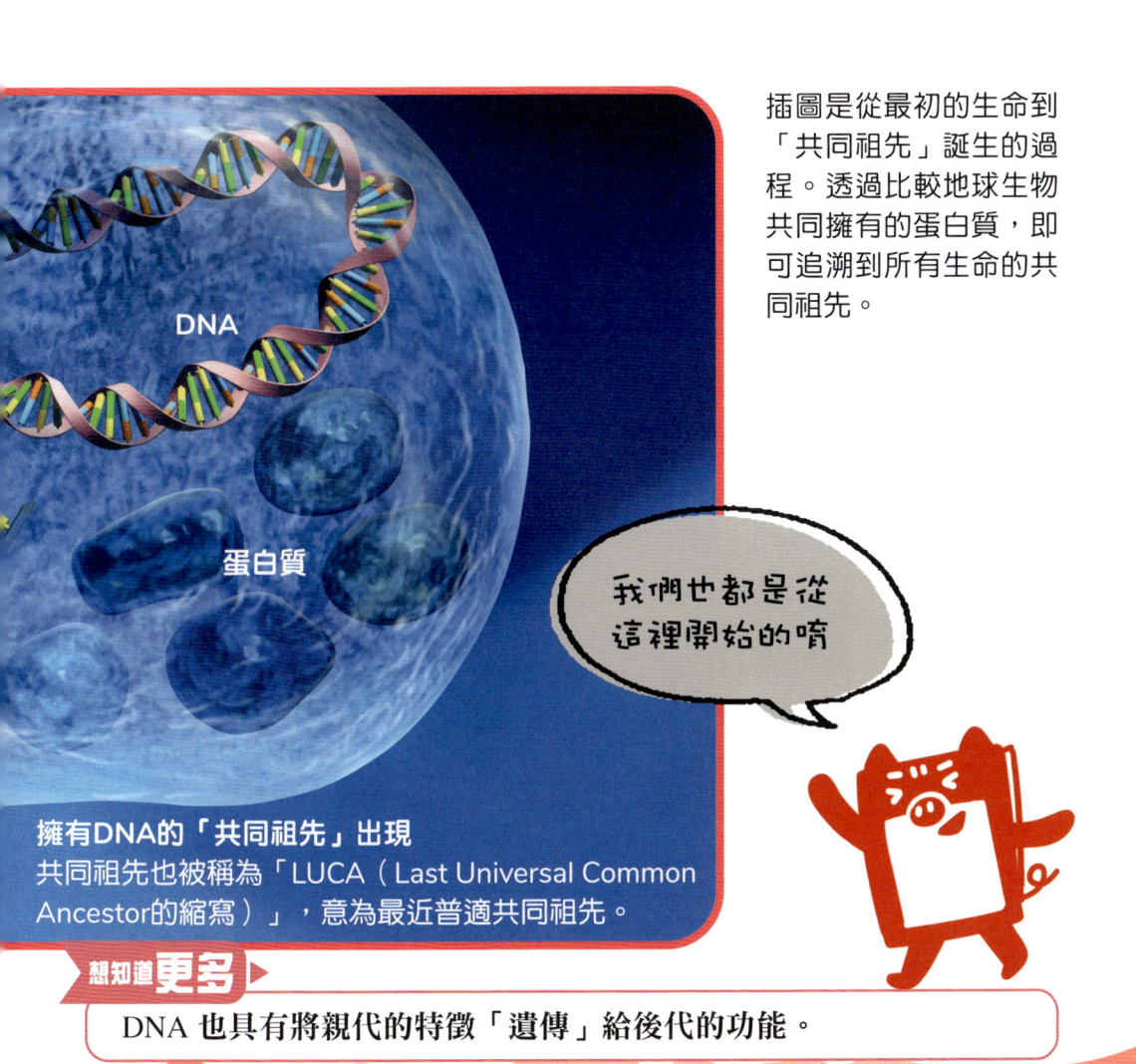

插圖是從最初的生命到「共同祖先」誕生的過程。透過比較地球生物共同擁有的蛋白質,即可追溯到所有生命的共同祖先。

DNA

蛋白質

我們也都是從這裡開始的唷

擁有DNA的「共同祖先」出現
共同祖先也被稱為「LUCA(Last Universal Common Ancestor的縮寫)」,意為最近普適共同祖先。

> **想知道更多**
> DNA 也具有將親代的特徵「遺傳」給後代的功能。

07 地球的氧氣在24億～20億年前急遽增加

一般認為在24億5000萬年前左右，地球的氧氣含量幾乎為零。

直到27～24億年前藍菌（藍藻類）開始進行光合作用，氧氣才大規模地增加。推估在24億～20億年前，氧氣含量已增加到現在的1%～10%左右。

這個變化被稱為「大氧化事件」，不只大氣中的氧氣增加，就連海洋中的氧氣含量也上升了。結果，海水中的鐵離子和氧氣結合形成大量的氧化鐵顆粒，並沉積在海底。沉入的氧化鐵則以「帶狀鐵礦床」的形式存在，至今仍可見到。

地球上的生物藉由氧氣製造出大量的能量，並進而演化成真核生物，具有藍菌等原核生物沒有的細胞核和粒線體等胞器。

筆記

疊層石是由藍菌的屍骸等微生物將沙子和其他岩石材料黏合堆積而成。直到 7 億年前左右，藍菌還遍布在全球各地，從寒冷地區到熱帶的湖沼、海洋等處都有。但到約 5 億年前的寒武紀初期，隨著以微生物墊（包括疊層石）為食的底棲動物出現，疊層石的數量減少了 80%。

想知道更多
藍菌的光合作用能力與現在的陸生高等植物並無不同。

3 地球原來是這樣誕生的

遠古的疊層石想像圖。

藍菌的細胞構造

外膜
內膜
脂質體
羧酶體（碳固定的場所）編註
核糖體（蛋白質合成的場所）
DNA（基因體）
類囊體（光合作用的場所）
藻膽蛋白體（捕獲光能量的場所）

右圖是一種名為集胞藻屬的藍菌細胞。藍菌的種類有近1500種，大小也有各式各樣。原核生物的藍菌與真核生物不同，不具備細胞核、葉綠體和粒線體。

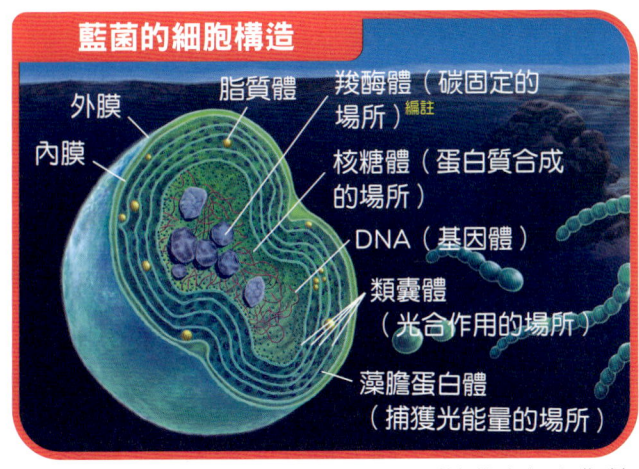

編註：碳固定是將無機碳（二氧化碳）轉換為有機化合物的過程。

87

08 超大陸「妮娜大陸」形成於19億年前

　　被岩漿海覆蓋的地球在冷卻凝固並形成海洋後，板塊運動也隨之展開。

　　板塊上的陸地歷經反覆的接近與分離，整個大陸的面積約在27億年前開始急速擴張。然後每隔幾億年，所有的大陸就會聚集在一起形成一個超大陸。目前有證據表明的最古老超大陸，就是19億年前誕生的「妮娜大陸」（後來成為全球性超大陸哥倫比亞大陸的一部分）。

　　此外，在妮娜大陸形成之前的24億～22億年前及7億～6.5億年前，地球曾出現過我們如今難以想像的狀況，當時的陸地和海洋完全結凍，地表溫度甚至降至零下50℃，又被稱為「雪球地球」事件。而造成氣候急速降溫的原因，則被認為與當時超大陸的形成或分裂，改變了遠古地球的大氣成分有關。

我是藍兔板塊～

想知道更多
有證據顯示，超大陸在妮娜大陸之前就已經形成過多次。

3 地球原來是這樣誕生的

妮娜大陸的規模並不大

現在的格陵蘭

現在的北歐

超大陸「妮娜大陸」

現在的北美洲

此重建圖是將最古老的超大陸「妮娜大陸」（褐色）與現在地圖（綠色）重疊後所呈現的影像。妮娜大陸是由現在北美洲的一部分、格陵蘭的一部分、北歐的一部分聚集而成，但規模並沒有像後來出現的超大陸「盤古大陸」（第98頁）那般巨大。

右圖是表面全被冰封的地球想像圖。這樣的「雪球地球」推測在24億～22億年前曾發生過3次，7億3000萬～7億年前有過1次，另1次是在6億5000萬～6億3500萬年前。據說當時凍結的海洋，冰層厚達1000公尺。即使在雪球地球時期，火山活動仍未停歇，火山氣體依舊持續噴出。火山氣體中的二氧化碳促使溫室效應（第164頁）增強，最終讓地球得以擺脫冰封的狀態。

「雪球地球」的模樣

09 約6億年前擁有較大身形的多細胞生物誕生

距今5億7000萬年前體型較大的「多細胞生物」現身，從地層中能發現其化石的蹤跡。此時期的生物被稱為「埃迪卡拉生物群」，命名來自於化石的發現地點。

一般認為，埃迪卡拉生物群的生物皆為軟體海洋生物。這些生物沒有外殼、眼睛、牙齒和足部，因此是靠著攝取藍菌等海底微生物來維生。

地球也從這個時期開始出現各式各樣的生物，甚至在5億4000萬年前發生了物種數量快速增長的現象。該時代被命名為「寒武紀」，動物的爆發性成長則被稱為「寒武紀生命大爆發」。其中的多數生物皆與現代生物具有共同的特徵。寒武紀生命大爆發可說是打造出現代所有動物原型的大事件。

> 出現了好多不同形狀的生物呢！

想知道更多
因為有眼睛的動物使得食物鏈加速建立的說法被稱為「光開關理論」。

「埃迪卡拉海洋花園」的誕生

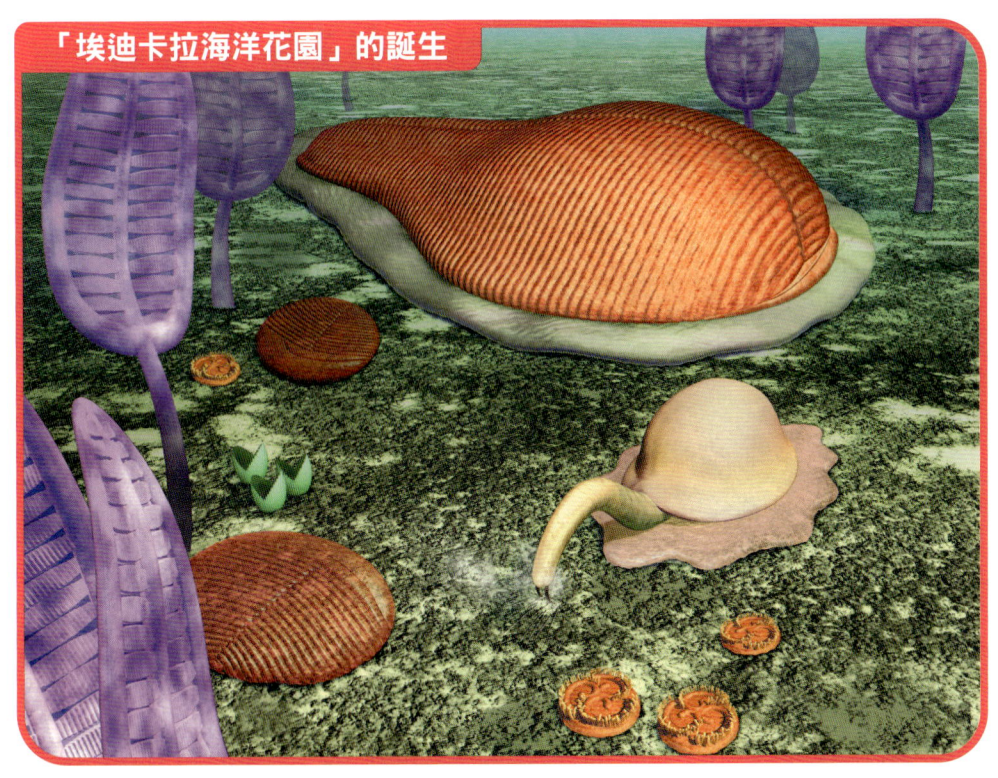

上圖所描繪的是埃迪卡拉生物群的各種軟體動物。這個時代的海洋被認為尚未完全出現如後世般的「吃與被吃的關係」（食物鏈），因此以舊約聖經中的樂園「伊甸園」來比喻，將這樣祥和的生態環境稱為「埃迪卡拉海洋花園」。

多種生物登場的「寒武紀生命大爆發」

右圖是以實際發現到的生物化石為基礎所繪製的寒武紀生命大爆發示意圖。有一說認為，誕生於寒武紀生命大爆發時期的動物擁有外殼、足部、眼睛等構造，有了眼睛後變得更容易攫取獵物，因此吃與被吃之間的生存競爭也越發加劇。

91

10 約4億年前出現了具有頜骨的大型魚類

　　在寒武紀生命大爆發時期，人類的祖先「魚類」也誕生了，此時的魚類體長不過數公分。當時最繁盛的動物，是與現代昆蟲有親緣關係的節肢動物。

　　直到4億2000萬年前的泥盆紀時期，有些魚類開始具有「頜骨」的結構。有頜骨的魚能夠更容易捕獲到獵物。魚類在之前處於弱勢的原因，就是沒有頜骨這個武器所致。

　　具有頜骨的魚類在海洋生物中崛起興盛，體型也迅速成長至數公尺之大。

　　魚類後來登上了陸地，且最終演化成人類，其中的關鍵就在於能夠「四肢行走」的身體變化。也就是說人類在成為陸地的主角之前，也曾經在海洋扮演過重要的角色。

> **想知道更多**
> 有大量魚類化石出土的泥盆紀，又被稱為「魚的世界」。

3 地球原來是這樣誕生的

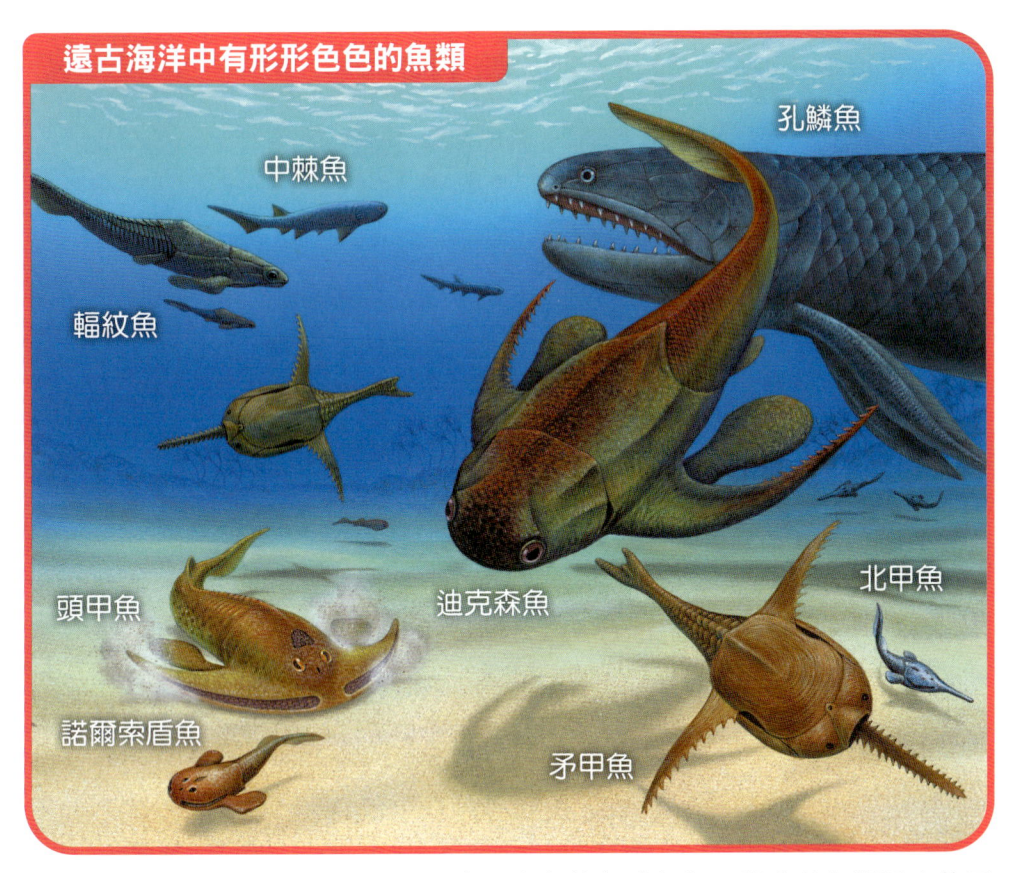

遠古海洋中有形形色色的魚類

孔鱗魚
中棘魚
輻紋魚
頭甲魚
迪克森魚
北甲魚
諾爾索盾魚
矛甲魚

插圖為泥盆紀時期在海洋生態系中擔任主角的各式魚類。與之前魚類最大的不同，就是擁有頜骨的構造。

開始登上陸地

右圖是從海洋登上陸地成為四肢動物的魚石螈。為了能在無浮力的陸地上生活，因此擁有強健的四肢。根據近年來的研究，推測在魚石螈出現前，陸地上已有其他四肢動物的蹤跡。

93

11 約4億年前地表上覆蓋著大片蕨類植物森林

在距今約3億6000萬年前的石炭紀，地球上出現了有史以來的大森林。這片森林的所在地是當時位於南半球的超大陸「岡瓦納大陸」，岡瓦納大陸也是後來中生代形成的超大陸「盤古大陸」的一部分。

岡瓦納大陸的南端一直延伸至南極。或許是因為這樣，地球上迎來了一個被稱為「岡瓦納冰河期」的大冰河時期。當時冰河在陸地上聚集了大量的水分，導致海平面大幅下降。另一方面，超大陸上則形成了廣大的濕地。

這片濕地讓各種蕨類植物得以繁衍興盛，有些甚至可高達30公尺。

就這樣地球上誕生了前所未見的大森林，而這片森林也為昆蟲等節肢動物的繁盛提供了棲息環境。

看起來越來越像地球了呢！

想知道更多

在南半球的岡瓦納大陸形成之際，北半球也有一個名為「勞亞大陸」的超大陸。

覆蓋在陸地上的蕨類植物森林

插圖是形成於古生代石炭紀的大森林想像圖。由於這段時期在各地出現了廣大的濕地,因此地表上隨處可見巨大的蕨類植物。

3 地球原來是這樣誕生的

下課時間

森林最終會變成煤炭？

　　一般認為3億6000萬年前左右覆蓋在陸地上的大森林，後來隨著海平面上升而淹沒於海中。層層堆積埋藏於海底的植物，在地熱與壓力的長期作用下逐漸發生變化，最後形成了「煤炭」。

　　「石炭紀」的名稱，就是源自於地層中擁有豐富的煤炭。

於石炭紀興盛一時的植物

淹沒

堆積

煤床

被水淹沒堆積於海底的蕨類植物，最終會在地層中形成煤床。

第**4**節課

陸陸續續出現的生物

即使在地球表面形成陸地和海洋後,地球的狀態仍持續變化中。新的生物族群接二連三地出現,然後才是人類的登場。

連恐龍也現身嘍!

01 2億6000萬年前存在的超大陸「盤古大陸」

　　距今2億6000萬年前左右，地球上的所有陸地曾結合在一起形成一個巨大陸塊，被稱為超大陸「盤古大陸」。

　　在此之前的地球，有時處於陸塊分開的狀態，有時處於合併為超大陸（第88頁）的狀態。現今世界的各大洲，則被認為是由盤古大陸分裂後所形成的。

　　為什麼會有世界各大洲最初是合在一起的說法呢？理由之一就是分布在世界各地的化石。舉例來說，北美洲和歐洲都曾發現庭園蝸牛的化石，可是北美洲和歐洲之間隔著大西洋，在遷徙上有其難度。^{編註}

　　如果庭園蝸牛的棲息地原本就遍布在整個盤古大陸上，而後來盤古大陸又分裂成不同的陸塊，那麼就足以解釋為何化石會如此分布了。

編註：除了動物證據，3億至2億年前的舌羊齒植物，因種子很大無法藉風力飄洋過海，但此種植物化石卻出現在非洲、澳洲、印度、南美洲及南極洲，由此可見，過去這些大陸是彼此連接在一起的。

想知道更多
地球上的陸地聚合成一塊超大陸的狀態，推測可能已經發生過好幾次。

4 陸陸續續出現的生物

蝸牛（庭園蝸牛）的棲息地。代表北美洲和歐洲在石炭紀時期曾彼此相連。

蝸牛（庭園蝸牛）
古生代石炭紀
（3億6000萬～3億年前）

水龍
中生代三疊紀
（2億5000萬～2億年前）

亞洲
歐洲
北美洲
非洲
南美洲
印度
澳洲
南極

水龍的棲息地。代表亞洲、非洲、印度和南極在之後的三疊紀時期仍連接在一起。

冰河的痕跡分布。代表北美洲、南美洲、非洲和澳洲在二疊紀時期相連在一起。

冰河地帶
古生代二疊紀
（3億～2億年5000萬前）

盤古大陸存在的證據

插圖為存在於二疊紀到三疊紀間的超大陸「盤古大陸」的想像圖，以及被視為是盤古大陸證據的動物、化石與冰河的分布。世界各大洲曾經合為一體的說法是由韋格納所提出（第102頁）。韋格納在世界各大洲都發現水龍的生物化石和冰河後，提出了「超大陸」的理論。圖中以線條標示出來的範圍，就是構成現今大陸的基礎部分。

> 盤古（Pangea）其實是「所有陸地」的意思唷！

右圖是超大陸「盤古大陸」存在期間的地球想像圖。盤古大陸是一塊從現在的北極一路延伸至南極的巨大陸塊。

從太空看到的盤古大陸

99

02 陸地移動和山脈形成皆是由**板塊運動**所造成

陸地之所以會移動，一般認為與地球內部的板塊（第28頁）運動有關，此理論又被稱為「板塊構造學說」。

其實高山和深海的成因也是來自於板塊運動，而在板塊彼此分離或摩擦的邊界也會形成獨特的地形，例如海溝、洋脊、火山島弧、地塹、裂谷、斷層等。接下來就來看看世界各地的特殊地形是如何形成的吧。

世界第一高峰聖母峰（又稱珠穆朗瑪峰，海拔8849公尺）和世界最深的馬里亞納海溝，都位於兩個互相接近的板塊交界處。

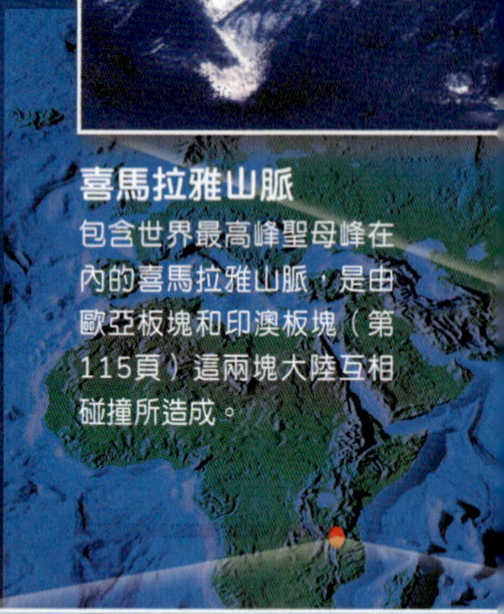

喜馬拉雅山脈
包含世界最高峰聖母峰在內的喜馬拉雅山脈，是由歐亞板塊和印澳板塊（第115頁）這兩塊大陸互相碰撞所造成。

東非大裂谷
位於非洲東部的大裂谷，是由於努比亞板塊和馬利亞板塊在大陸的中央相互遠離所造成。一認為非洲大陸未來將會分裂，並形成中洋脊。

> **想知道更多**
> 馬里亞納海溝的挑戰者深淵深約11,000公尺。

聖母峰的形成原因也是來自於板塊

馬里亞納海溝
馬里亞納海溝的挑戰者深淵是全世界海洋的最深處。太平洋板塊與菲律賓海板塊（或細分出的馬里亞納板塊）互相靠近，其中太平洋板塊隱沒至菲律賓海板塊的下方，被拖曳下沉後即形成深海溝。

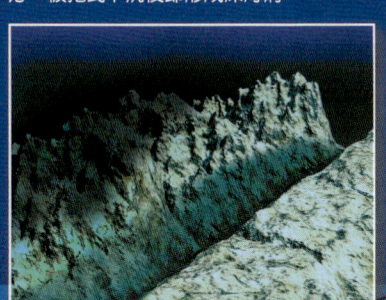

夏威夷諸島
夏威夷島上的基勞厄亞火山目前仍持續活躍中。夏威夷群島的西北部有成列的火山島和海山，據信就是板塊在岩漿噴出口的上方移動時生成。

聖安德列斯斷層
「聖安德列斯斷層」位於美國加州，是一條從西北延伸至東南的大斷層。聖安德列斯斷層是太平洋板塊和北美洲板塊相互摩擦所形成的典型地形。

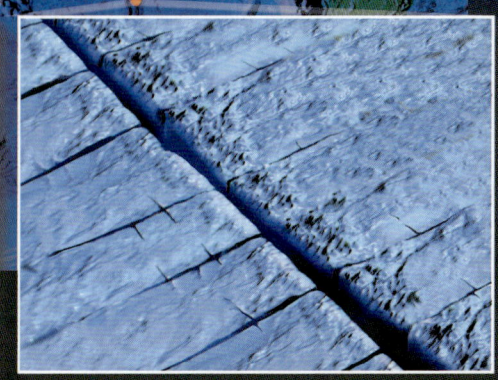

東太平洋隆起
東太平洋隆起（中洋脊）是一條縱貫太平洋東南部的海底山嶺。從地下湧出的岩漿冷卻凝固後形成海洋地殼，並帶動上方的板塊互相遠離。

4 陸陸續續出現的生物

101

下課時間

何謂「大陸漂移說」？

德國的地質學家韋格納（1880～1930）曾提出世界各大洲原本是一個「超大陸」的觀點。

韋格納發現南美大陸的東海岸與非洲大陸西海岸的形狀十分相似，因此聯想到這兩個大陸或許曾如拼圖般地相連在一起。

除此之外還舉出了其他的證據，例如在多個大陸都曾找到相同生物的化石（第98頁），進而總結出「大陸漂移說」，也就是目前的各大洲是由一個巨大陸塊歷經漂移、分開所形成。

如今陸地的位置會隨著地表板塊而移動的「板塊構造學說」已廣為人知，但在成為定論之前，韋格納仍堅信「大陸會移動」並致力於蒐集證據。

> 海岸線的形狀完全吻合耶！

現在的世界地圖。大西洋兩側大陸的海岸線形狀極為類似。

03 火山活動和缺氧導致生物大滅絕

地球上的生物在距今2億5000萬年前，有超過半數以上都突然不見蹤影。據說海洋中九成以上的物種消逝，陸地上則有七成左右的物種滅亡。

引發大滅絕的原因，被認為是當時活躍的火山活動。此外該時代的海洋氧氣濃度極低，因此缺氧也是影響的因素之一。

目前已知，這次的大滅絕事件可分為兩個階段。編註

編註：第一個小型高峰可能是因為海平面改變、海洋缺氧、盤古大陸形成引起的乾旱氣候；而後來的高峰則可能是因為撞擊事件、超級火山爆發或是海平面驟變，引起甲烷水合物的大量釋放，持續時間大約6萬年。

環境的變化真的很可怕！

想知道更多
此次的大滅絕事件，是顯生宙（第72頁）五次大滅絕中規模最大的一次。

4 陸陸續續出現的生物

筆記

大滅絕的可能原因有當時活躍的火山活動、海洋缺氧（氧氣不足的狀態）等等。有一說認為，火山爆發後產生大量的火山灰和灰塵散布到大氣層中阻擋了陽光，使得地球變冷。也有一說認為，由於火山氣體釋放大量的二氧化碳造成溫室效應（第 164 頁），最終導致海洋缺氧。

04 恐龍並非一開始就位居生態系的頂端

　　約2億5000萬年前，恐龍的時代終於登場，但恐龍並不是一開始就處於生態系的頂端。

　　此時在地球的超大陸「盤古大陸」（第98頁）上有三大動物群，分別是合弓亞綱、鑲嵌踝類和恐龍總目。

　　合弓亞綱是包含我們哺乳類祖先在內的動物群。出現在古生代最後一個地質時代「二疊紀」的合弓亞綱，在大滅絕中倖存下來後，於三疊紀的初期站上了生態系的頂端。

　　然而，新出現的鑲嵌踝類和恐龍總目卻逐漸將合弓亞綱逼向滅絕之境。鑲嵌踝類是包含現代鱷魚祖先在內的動物群，最後在與合弓亞綱的競爭中勝出，登上了三疊紀的生態系霸主。

　　但鑲嵌踝類的勢力並沒有持續太久，恐龍佔據生態系頂端的時代也隨之展開。

編註：右頁圖中的異平齒龍是一種主龍形目的草食性恐龍，與鱷魚和恐龍等主龍類有遠親關係。

> **想知道更多**
> 合弓亞綱的「弓」指的是位於頭蓋骨太陽穴附近的顳顬骨開孔。

106

4 陸陸續續出現的生物

三大動物群相互競爭的三疊紀

插圖為合弓亞綱、鑲嵌踝類和恐龍總目彼此相互競爭的三疊紀想像圖。圖中的蜥鱷為鑲嵌踝類，其兩側的艾雷拉龍為恐龍總目，而右後方的伊斯基瓜拉斯托獸是合弓亞綱。有些鑲嵌踝類的動物擁有龐大的身軀和強壯的下顎，身長甚至可達5公尺。

蜥鱷

伊斯基瓜拉斯托獸

艾雷拉龍

異平齒龍 編註

蜥鱷長得好像暴龍？

艾雷拉龍的骨骼

右邊照片為三疊紀後期的艾雷拉龍骨骼標本，一般認為是一種雙足行走的肉食性恐龍。

107

05 恐龍在侏羅紀到白堊紀期間於陸地上繁衍壯大

　　1億4550萬年前，地質時代從三疊紀進入了侏羅紀。從三疊紀末期開始擴張勢力的恐龍，終於在侏羅紀登上了生態系的頂端。恐龍的時代也一直延伸至後來的白堊紀。

　　雖然都一概而論地稱為恐龍，但可以區分成幾個類群。有的是像右圖所描繪的馬門溪龍般擁有超長頸部的恐龍（侏羅紀的蜥腳形亞目恐龍之一），有的是如暴龍般頸部較短的恐龍（白堊紀的獸腳亞目恐龍之一）。兩者都被併入於蜥臀目底下。

　　此外，還有如三角龍、劍龍般與蜥臀目具有不同特徵的恐龍（鳥臀目）。

　　恐龍是在侏羅紀初期解體分裂的大陸上逐步演化而成。一般認為，現在的鳥類其實就是由獸腳亞目恐龍演化而來。

想知道更多
有史以來體型最大的恐龍是身長超過 30 公尺的阿根廷龍（蜥腳形亞目）。

4 陸陸續續出現的生物

各式各樣的恐龍出現

侏羅紀和白堊紀時期,有各種恐龍在陸地上出現和消失。侏羅紀後期則是以蜥腳形亞目等巨大體型的恐龍最為興盛。

馬門溪龍
（蜥腳形亞目）

泥潭龍　　中華盜龍

冠龍（原始的暴龍類恐龍）

筆記

暴龍是一種生活在白堊紀末期的大型肉食性恐龍,也是最為人熟知的恐龍。根據最近的研究顯示,牠的身上可能長有羽毛。包含暴龍在內的獸腳亞目恐龍,則被認為是鳥類的祖先。

生存於白堊紀的暴龍

109

06　6550萬年前的小行星撞擊造成了恐龍的滅絕

　　恐龍在約2億年前的侏羅紀時期，登上了生態系的頂端位置。1億4550萬年前地質年代進入到白堊紀後，恐龍的種類也持續增加中。恐龍在地球上的興盛年代總計長達1億5000多萬年。

　　恐龍的時代在6550萬年前戛然而止，因為一顆直徑約10公里的小行星撞擊了墨西哥的猶加敦半島。

　　撞擊後揚起的灰塵覆蓋著整個地球，並長時間阻隔了陽光照射。無法行光合作用的植物紛紛枯萎，不只草食動物受到影響，也波及到以草食動物為食的肉食動物。最終，包含食物鏈頂端的恐龍在內的許多物種都面臨滅絕的命運。

　　唯一存活下來的恐龍後代，只剩下已演化成鳥類的部分物種。就連倖免於難的哺乳類，多數的物種也都已滅絕。編註

編註：在恐龍滅絕前，哺乳動物受制於恐龍等大型獵食動物，體型通常都很小。小行星撞地球後，生活在地穴等陰暗處的小型哺乳動物反而非常適合當時可怕的環境，因此繁衍激增。

想知道更多
白堊紀是由於該年代的地層中含有石灰岩（白堊）而得名。

「才一顆小行星就造成地球如此嚴重的破壞！」

恐龍時代的終結

插圖為小行星墜落瞬間的想像圖。除了已演化成鳥類的部分恐龍外，多數的恐龍、蛇頸龍等海生爬蟲類、翼龍、菊石等動物都在這次的撞擊中集體滅絕。這個事件也導致長達1億8000萬年的中生代與恐龍時代一起邁向了終點。

筆記

6550萬年前的小行星撞擊在猶加敦半島留下了直徑長達170公里的隕石坑，且當時周邊地區被認為曾遭受大海嘯的襲擊。

從空中鳥瞰的猶加敦半島

4 陸陸續續出現的生物

111

07
逃過滅絕的哺乳類出現了爆發式的增長

恐龍大滅絕之後，率先擴張勢力的正是哺乳類。哺乳類動物在白堊紀時就已經出現，其中的「真獸類」和「有袋類」這兩個族群在大滅絕中倖存下來。真獸類具有胎盤，可在體內將胎兒養育到一定的時間才產出；有袋類則是像袋鼠般，可在腹部的袋子裡養育胎兒。

哺乳類在新生代時期呈現爆發式的增長，且具有多樣性。

> **想知道更多**
> 約 5000 萬年前，部分的哺乳類進入海洋中生活，並演化成海牛類、鯨魚類等動物。

4 陸陸續續出現的生物

哺乳類取代恐龍逐漸崛起

插圖為約4900萬年前的哺乳類想像圖。德國的城市達姆施塔特附近，曾經有原始馬、蝙蝠、如現今食蟻獸般的始穿山甲在此地生活。於白堊紀時期，也曾出現類似現今白頰鼴鼠和河狸般的物種。這些物種可能在6550萬年前的小行星撞擊後消失，或是在更早之前就已滅絕。

古翼手屬
（蝙蝠的同類）

長鼻跳鼠

原古馬
（原始馬的同類）

始穿山甲屬

113

08 聖母峰是5000萬年前因大陸板塊相互碰撞而形成

超大陸「盤古大陸」在中生代時，因板塊運動而逐漸分裂解體。從盤古大陸的地圖（第99頁）可知，後來成為印度的部分（印度次大陸）當時仍在南半球。

那麼，印度次大陸又是如何移動至現在位置的呢？若將世界地圖與目前覆蓋在地球的板塊地圖重疊，即可看到印度位於印度板塊的上方。而印度次大陸則被認為是隨著印度板塊和澳洲板塊一起向北移動。

北上的印度次大陸，在約5000萬年前與亞洲大陸（歐亞大陸）相撞，並在撞擊時將大陸之間的海洋板塊推上陸地，喜馬拉雅山脈就此誕生，從距今約5000萬年前的1000公尺緩慢升高，至距今約2100萬至1900萬年前的2300公尺高度。此後500萬年至700萬年間快速隆升，達到現今高度。

> **想知道更多**
> 由於喜馬拉雅山脈的出現擋住南方吹來的溼空氣，使得山脈的北部變得乾燥，東亞的冬天也漸趨寒冷乾燥。

4 陸陸續續出現的生物

山頂還留有海洋的殘跡

聖母峰是喜馬拉雅山脈的最高峰，山頂的層狀結構其實就是海洋的地層。印度次大陸在往北移動時，也同時聚集了「古地中海」（位於印度次大陸與亞洲大陸間的海洋）的沉積物。與亞洲大陸碰撞後，古地中海海洋板塊的沉積物就被推擠到陸地上面並形成山脈。

聖母峰的山頂竟然是海洋的地層！

筆記

地球表面有十幾個板塊覆蓋著（第28頁），許多亞洲國家都位於歐亞板塊上。

覆蓋在地表的板塊

- 胡安德富卡板塊
- 北美板塊
- 歐亞板塊
- 太平洋板塊
- 科克斯板塊
- 加勒比板塊
- 阿拉伯板塊
- 印度板塊
- 菲律賓海板塊
- 納茲卡板塊
- 非洲板塊
- 南美板塊
- 澳洲板塊
- 太平洋板塊
- 斯科舍板塊

115

09 人類的腦越來越發達，直到30萬年前才有現代人類出現

> 直立雙足步行是人類最大的特徵唷！

距今約200萬年前，最早的人類「直立猿人」終於現身。編註

與其他動物的不同之處，在於人類能夠伸直背部站立行走，又被稱為「直立雙足步行」。前腳可自由活動的人類，開始能使用各種工具，進而讓腦也變得更加發達。

於30萬年前左右，現代人類的「智人」才在地表出現。

編註：直立猿人離開非洲，遷徙至亞洲和歐洲，開始使用火與製造石器。

想知道更多

智人的學名為「Homo sapiens」，Homo 在拉丁文中代表「人類」的意思。

4 陸陸續續出現的生物

為何會開始雙足步行呢？

插圖為500萬年前的類人猿「地猿」的想像圖。「智人」是人屬的其中一個品種，而最古老的人屬動物「巧人」出現於240萬年前左右。人類之所以會開始直立雙足步行，有一說認為是氣候變冷的影響。因寒冷造成森林面積縮小，人類不得不遷徙至草原上生活。直立雙足步行有許多優點，例如容易在草原中尋找獵物、可以早點發現天敵，且移動時對身體的負擔也較小。

10

生物約在**41億～38億年前**誕生，**5億年前**所有的**現生生物**已**全數出現**

一般認為，地球上最古老的生物誕生於41億～38億年前。參照右邊的插圖，即可瞭解生物多樣性的發展過程。

約6億年前，生物的多樣性開始急速增長。到了5億年前，所有屬於「門」（位於界和綱之間）分類階層的生物皆已出現

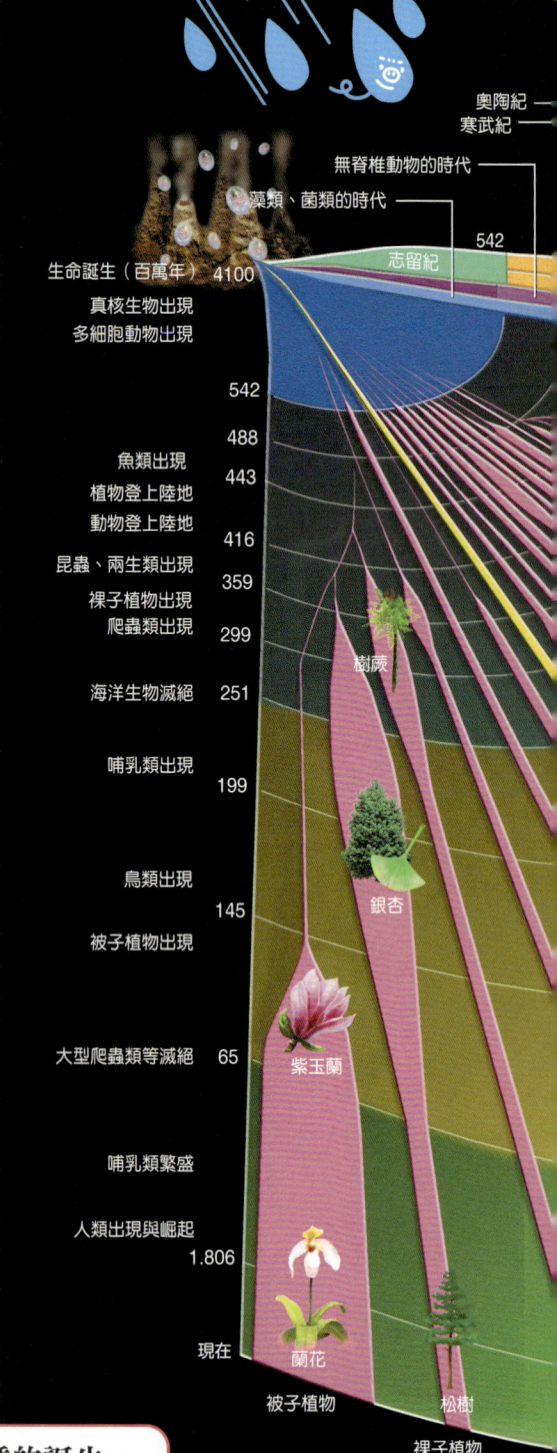

想知道更多

多次的大滅絕事件也促使了新生物種的誕生。

生命誕生（百萬年） 4100
真核生物出現
多細胞動物出現

542
488
魚類出現
植物登上陸地　443
動物登上陸地
昆蟲、兩生類出現　416
359
裸子植物出現
爬蟲類出現　299

海洋生物滅絕　251

哺乳類出現
199

鳥類出現
145
被子植物出現

大型爬蟲類等滅絕　65

哺乳類繁盛
人類出現與崛起
1.806

現在

奧陶紀
寒武紀
無脊椎動物的時代
藻類、菌類的時代
542
志留紀

樹蕨
銀杏
紫玉蘭
蘭花
被子植物　松樹
裸子植物
蕨類植物

生物的演化和多樣化

插圖以親緣關係樹的方式呈現生物的演化與多樣性，線條的粗細代表「種」的數量多寡。最早誕生的生命是單細胞生物，且維持了一段時間。多細胞生物究竟是何時出現目前尚不得而知，但距今約6億年前的海洋中開始有不具硬殼的各種多細胞生物現身。自此之後生物陸續遷徙到陸地上，物種的多樣性也隨之急速成長。

4 陸陸續續出現的生物

志留紀
泥盆紀
魚類的時代
蕨類植物的時代
石炭紀
二疊紀
兩生類的時代
古生代

416　359　299　251　199　145　65.5　1.806　現在

三疊紀
中生代
侏羅紀
爬蟲類的時代
裸子植物的時代
白堊紀
新生代
第三紀
哺乳類的時代
被子植物時代
第四紀

始祖鳥
初期的哺乳類
暴龍
人類　哺乳類
鴨　鳥類
烏龜　爬蟲類
青蛙　兩生類
真鯛　硬骨魚類
鯊魚　軟骨魚類
七鰓鰻
海鞘　無頜類
原索動物
海星　半索動物
蛤蜊　棘皮動物
蝴蝶　軟體動物
舌形貝
珊瑚　節肢動物
腕足動物
苔蘚蟲
腔腸動物
海綿動物

真掌鰭魚
盾皮魚類等
豆脈蜻蜓
三葉蟲類
菊石
草履蟲

檜葉金髮蘚　昆布　香菇
苔蘚類　藻類　蕈類　菌物界　原生生物

真核生物域
　動物界
　植物界
　原生生物
　真菌

細菌域、古菌域

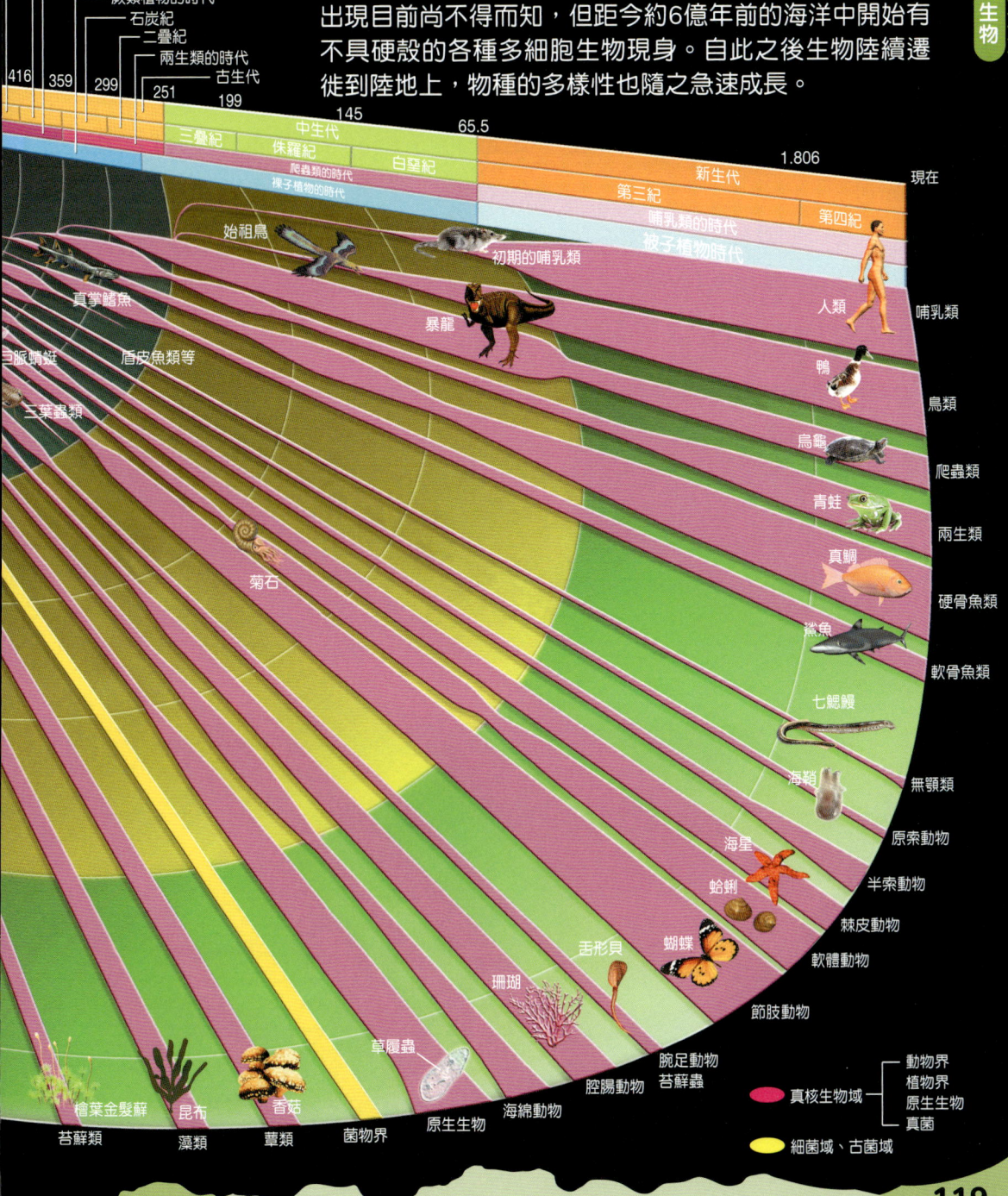

119

11 曾經豐饒的生物多樣性 正在急速減少中

地球上的生物多樣性，是歷經了長時間的演化過程而形成的。

目前地球上生物多樣性最高的地方是珊瑚礁和熱帶雨林，但受到開發和地球環境惡化的影響，這些地區的生態系正在快速消失中。

沖繩縣石垣島的珊瑚礁

珊瑚礁是海洋中物種多樣性最高的地方。珊瑚礁分布在熱帶和亞熱帶的海岸，據說有多達三分之一的魚類物種都棲息於此。

綠珊瑚
褐蟲藻
0.01mm
珊瑚蟲
觸手
骨骼
1mm
藍綠光鰓魚
主刺蓋魚
白斑烏賊的卵
軸孔珊瑚
棘冠海星
毛掌梯形蟹

4 陸陸續續出現的生物

在2024年IUCN（國際自然保護聯盟）的「瀕危物種紅色名錄」中，將28,159種植物和17,832種動物列為面臨滅絕的高風險。雖然地球曾發生過多次的大滅絕事件，但相較之下，目前的生物滅絕速度實在是太快了。

生態系只有在多種多樣的生物和環境下才能被建構出來，沒有任何生物可以單獨生存。維持生態系的多樣性，也是包含人類在內的生物能夠永續生存的關鍵。

> 以往的生物滅絕事件，時間至少都長達1000萬年之久。

白斑烏賊
竹筴魚的同類
䲁
藍頭綠鸚哥魚
藍黃梅鯛
表孔珊瑚
大旋鰓蟲

亞馬遜與熱帶雨林

熱帶雨林是陸地上多樣性最高的生態系。南美洲的亞馬遜河流域，棲息著250萬種昆蟲類和1,300多種鳥類。此外，蕨類植物、哺乳類、爬蟲類、兩生類等大多數生物類群，也是最常見於如亞馬遜河流域般的熱帶地區。

想知道更多

沖繩縣石垣島的白保珊瑚礁是經過數千年～1萬年的時間才累積而成。

下課時間

何謂天文生物學？

「天文生物學」是一門研究生命在宇宙中的起源及演化奧祕的學問。

對象不僅是地球，還包括了可能存在水或生命的天體。從宇宙的視角來看生命，並揭開地球生物的奧祕。

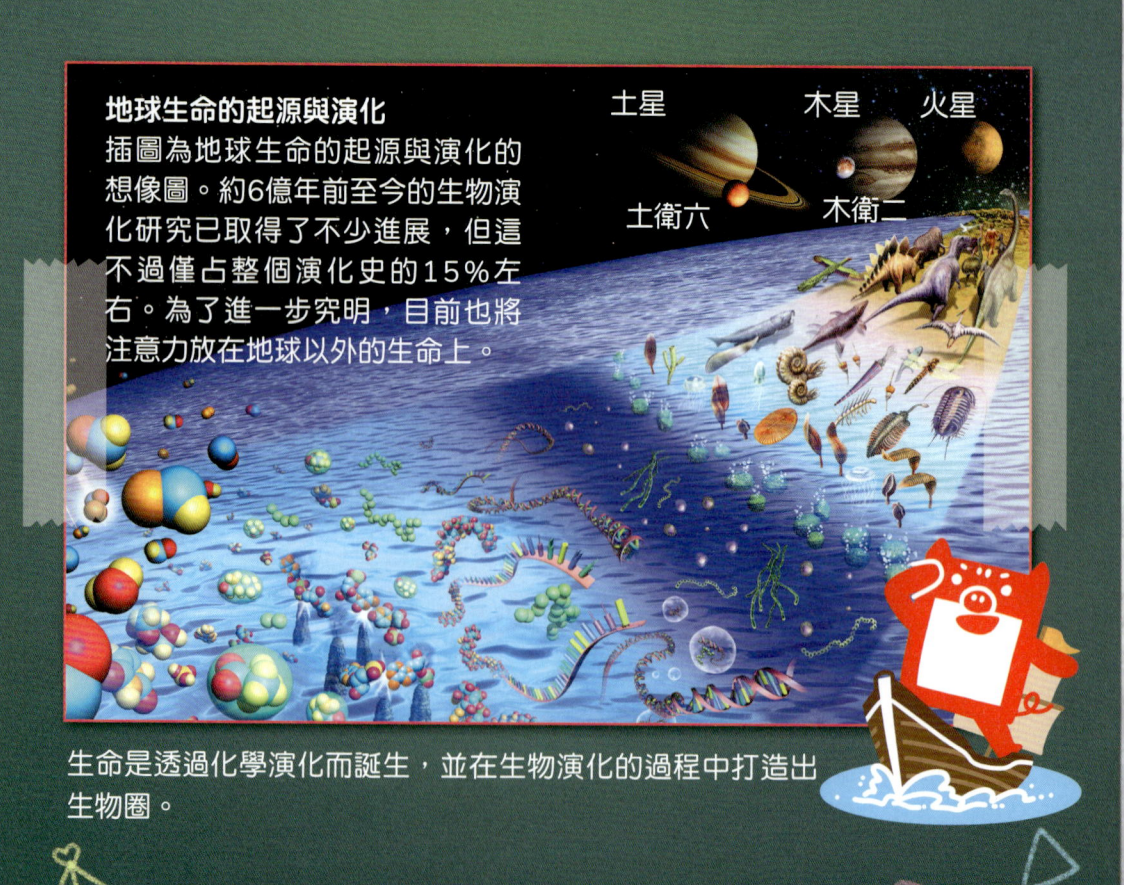

地球生命的起源與演化
插圖為地球生命的起源與演化的想像圖。約6億年前至今的生物演化研究已取得了不少進展，但這不過僅占整個演化史的15%左右。為了進一步究明，目前也將注意力放在地球以外的生命上。

土星　　木星　　火星
土衛六　　木衛二

生命是透過化學演化而誕生，並在生物演化的過程中打造出生物圈。

第 **5** 節課

地球是擁有海洋的行星

一般認為，生命的起源來自於海洋。正因為有了海洋，地球才能成為一顆有生命存在的行星。接下來，就來看看當時的海洋到底是什麼樣子，以及扮演著哪些重要的角色吧。

海洋是如何形成的呢？

01

> 真是個巨大的謎團啊！

海洋是何時及如何形成的至今仍未確知

約46億年前太陽系形成之後不久，地球也一起誕生了（第74頁）。但如今的海洋究竟是何時及如何形成的依舊不明。

從第126頁開始，將為大家介紹海洋形成原因的三個假說。

想知道更多
地球之所以看起來呈藍色，是因為陽光照到海面時，只有藍光會被反射。

最初的海洋是由豪雨所形成？

插圖為在誕生之初的地球降下豪雨的想像圖。至於成為豪雨來源的水，則應該是在地球形成過程中的某個時間點就被帶到地表了。一般認為這些水以雨的形式落下並匯集在地表，最後形成了海洋。但水究竟從何而來，長久以來一直是個無法解開的難題。

5 地球是擁有海洋的行星

02 海洋來自於含水的微行星？

　　海洋誕生的第一個假說，是形成地球的「微行星」（第74頁）中含有水。

　　微行星是在太陽系形成之初，由氣體圓盤的塵埃聚集而成。大小介於1～10公里左右，在氣體圓盤內的數量多到數不清。

　　在這些微行星中含有水分子或水的原料（由氧原子和氫原子組成的羥基），一點也不足為奇。如果這些微行星墜落到地球，地球上的水分子就會逐漸增加。

　　當微行星劇烈落下時，地球表面變熱，水分也開始蒸發。待墜落停歇後大氣的溫度下降，大氣中的水蒸氣變成雨並降落地表。雨水不斷累積，就形成了海洋。

想知道更多

水分子溶入礦物中時，會經由化學反應形成羥基。

5 地球是擁有海洋的行星

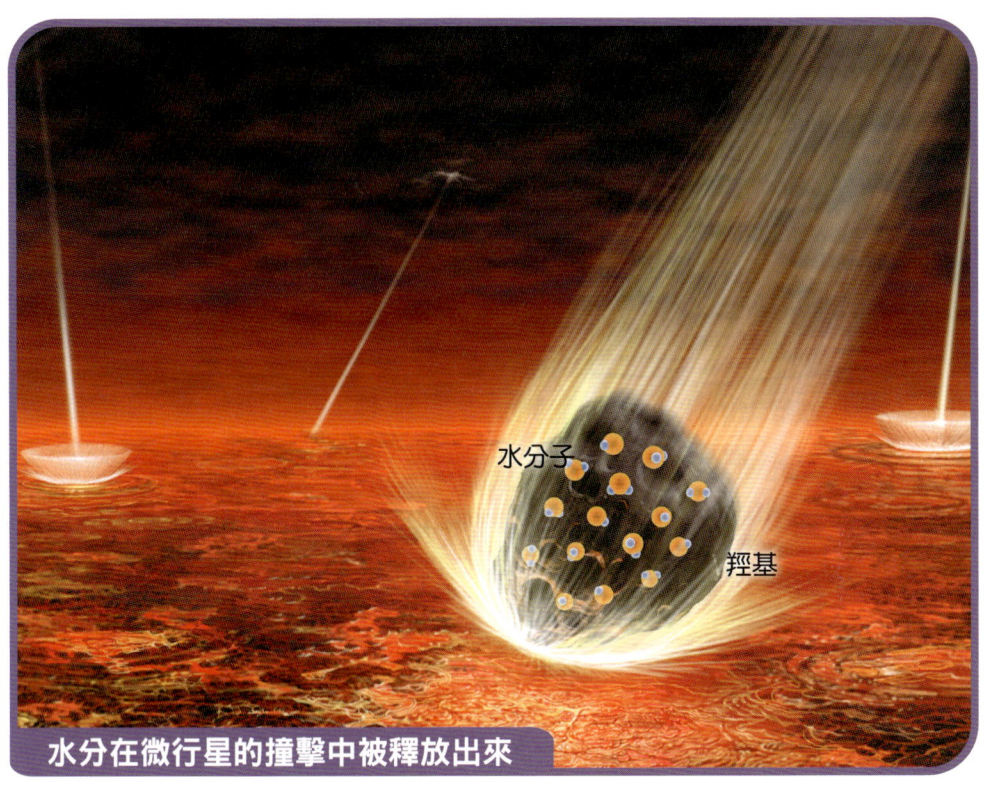

水分在微行星的撞擊中被釋放出來

水分子

羥基

當大型微行星與地球相撞時,其巨大的能量會導致微行星內的水以水蒸氣的形式釋放出來。若這樣的撞擊一直持續,就會形成一層很厚且含有大量水蒸氣的大氣層。水蒸氣是造成溫室效應(第160頁)的來源,使得地表的溫度不斷上升,最終變成泥狀的「岩漿海」。

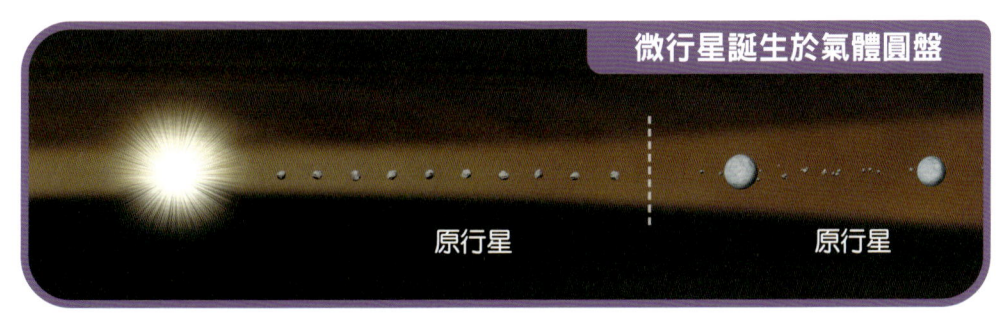

微行星誕生於氣體圓盤

原行星　　　　　　　　原行星

太陽系的起源,一開始是由氣體圓盤中的塵埃先聚集成微行星。接著在微行星相互撞擊後慢慢成長為「原行星」(直徑1000～3000公里的規模)。最後,在原行星的彼此碰撞下形成行星。即使行星正在形成時,微行星的撞擊仍持續發生中。

03 海洋來自於大氣中的氫氣與岩石中的氧氣反應後所形成的水？

海洋誕生的第二個假說，是地球在成長過程中被氫氣包圍，後來與岩石中的氧氣產生化學反應生成水，最終形成了海洋。

孕育出地球的氣體圓盤中含有大量的氫氣。在地球形成之初，可能已經覆蓋著充滿氫氣的大氣層。這是因為引力隨著原行星的成長而變強，使得氣體都聚集在地球的周圍。

另一方面，氧氣以氧化物的形式大量存在於岩石中。氧化物就是氧原子與其他原子結合而成的化合物。當大氣中的氫氣與岩石中的氧氣在高溫的環境下接近，就會形成水（水蒸氣）。地球剛誕生時是一片岩漿海，因此被認為是形成水的絕佳環境。

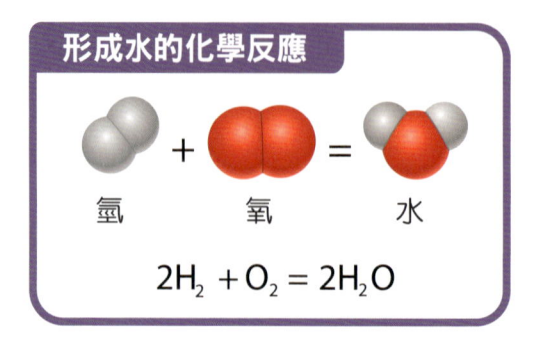

形成水的化學反應

氫 + 氧 = 水

$2H_2 + O_2 = 2H_2O$

筆記

水（H_2O）是由2個氫原子組成的氫分子（H_2），和由2個氧原子組成的氧分子（O_2）經過化學反應所形成。

5 地球是擁有海洋的行星

如今地球的大氣中含量最多的是氮氣唷！

原始地球

大氣中的氫氣

太陽

氫分子

微行星
（地球的組成材料，內含氧氣）

被氫氣包圍的原始地球

插圖為表面被氫氣大氣層包圍的原始地球想像圖。原始地球的地表岩石曾經是一片泥狀的岩漿海，因此氧氣不斷被岩漿的對流帶到地球表面。結果，大氣中的氫氣和地表的氧氣持續產生反應，並生成大量的水（水蒸氣）。直到微行星不再落下，水蒸氣變成了雨，最後匯集成海洋。

想知道更多

若岩石沒有熔化的話，只有岩石表面的氧氣會產生化學反應，就不會生成大量的水。

04 海洋來自於落至初生地球上的彗星？

> 天體經常會墜落到地球上呢！

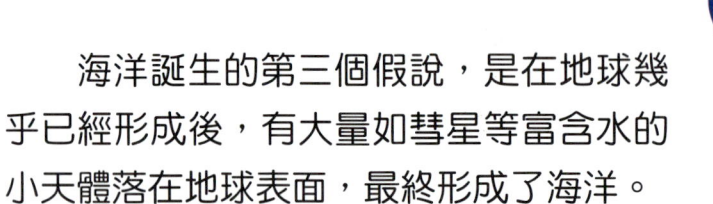

海洋誕生的第三個假說，是在地球幾乎已經形成後，有大量如彗星等富含水的小天體落在地球表面，最終形成了海洋。

在生成太陽系的氣體圓盤中，有主要由岩石組成及主要由冰組成的塵埃。其中由冰所構成的塵埃，在接近太陽時會蒸發為氣體，在遠離太陽的地方則可維持固態。含冰的塵埃不久後便開始與微行星發生碰撞。

如今可在小行星帶（第22頁）中發現塵埃殘餘物的蹤跡。此外，目前已知在海王星的軌道外側也有許多由冰所組成的小天體。

由於這些天體自地球誕生以來長達數億年間持續地落在地表，因此帶來了海水。編註

編註：地球形成初期的大氣較稀薄，含冰的塵埃或小天體墜入地球時，不會因為與大氣層高速摩擦而燃燒殆盡，因此仍有相當數量落至地面。

想知道更多

位於小行星帶中的小天體，有些含水量甚至超過重量的 20%。

一部分的海水是彗星帶來的

水分子

彗星
（在落下的途中分裂成多個碎片的狀態）

推測過去曾有大量由冰構成的天體墜落到地球上，而毫無疑問的這些都成了海水。然而，地球上的海水不太可能全都源自於此。

筆記

飄浮在海王星軌道外側（古柏帶）的無數小天體，主要成分皆為冰和岩石。其中有部分被太陽的引力吸過去，當其靠近太陽時可以觀測到冰蒸發時釋放出的氣體，以及塵埃顆粒反射陽光而形成的塵埃尾，也就是我們所看見的彗星。

古柏帶

木星　土星　海王星
天王星

5 地球是擁有海洋的行星

131

05 地球內部的水比海水來得多

地球上除了海水之外還有別的水，據說地球內部的水比海水還要多。

從地表到深度2900公里的區域稱為地函，含有主要由二氧化矽組成的固體岩石（第34頁）。目前已知，地函中含有以羥基（由氧原子和氫原子組成）的形式存在的水。水量至少跟海水一樣多，甚至多出數倍以上。

不僅如此，據信地函下方的地核還擁有地球形成時就已經存在的氫氣，且含量可能相當於海水的80倍。

地球雖曾經有大量的水，但大多數都已下沉至地球內部，因此最深處的地核含水量最高。

> **想知道更多**
> 氧化鐵依鐵和氧氣的比例不同，又可分成氧化鐵（Ⅱ）和氧化鐵（Ⅲ）等形式。

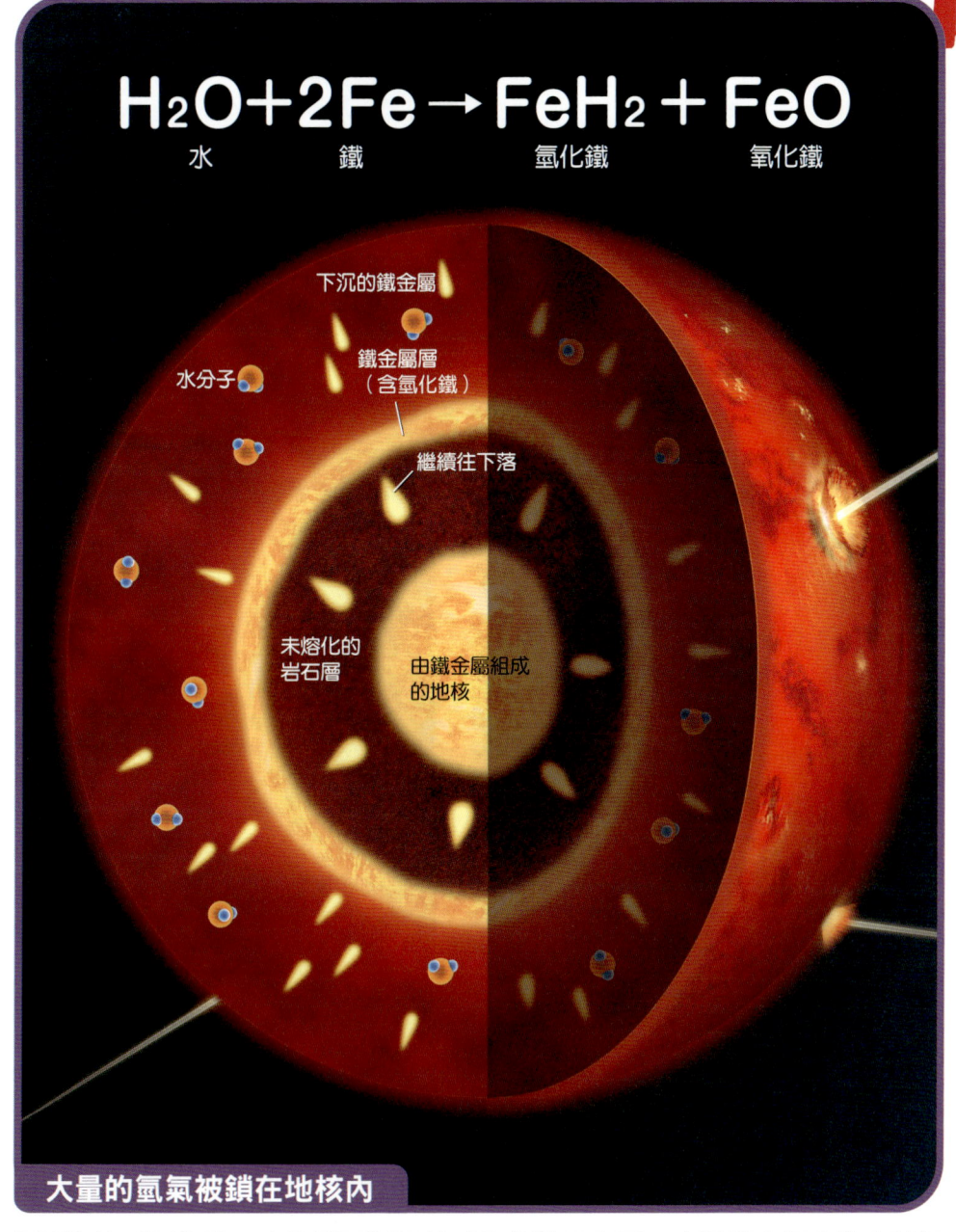

$H_2O + 2Fe \rightarrow FeH_2 + FeO$
水　　　　鐵　　　　　氫化鐵　　　氧化鐵

下沉的鐵金屬

鐵金屬層（含氫化鐵）

水分子

繼續往下落

未熔化的岩石層

由鐵金屬組成的地核

大量的氫氣被鎖在地核內

插圖為地球誕生時，水和鐵下沉至地球內部的示意圖。水是從大氣中的水蒸氣被吸入岩漿海，鐵來自於墜落到地球上的微行星。因岩漿的對流而往地下深處移動的水和金屬，在地底的高壓環境下變成「氫化鐵」和「氧化鐵」，氫化鐵則慢慢沉降至地核。

06
海洋只不過是覆蓋在地球表面的一層「薄膜」

海洋雖然看似很深，但從整個地球來看只是一層薄膜而已。海洋的厚度還不及地球半徑的千分之一。

即便將海洋中的水全部抽光，地球的大小和圓狀外觀也與海洋存在時幾乎沒有兩樣。海水的總量其實稱不上很多。

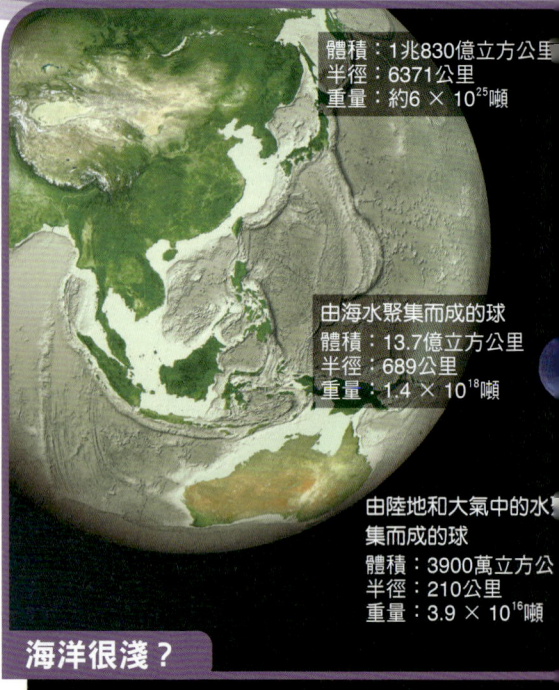

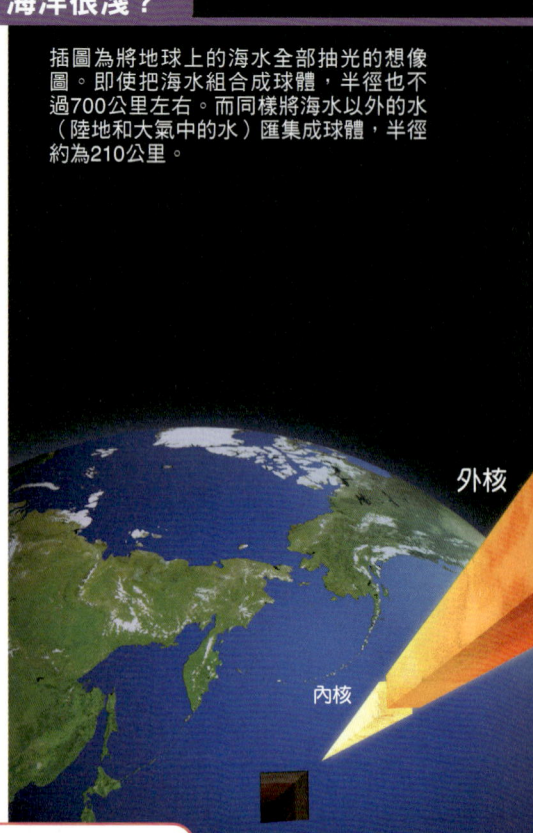

體積：1兆830億立方公里
半徑：6371公里
重量：約6×10^{25}噸

由海水聚集而成的球
體積：13.7億立方公里
半徑：689公里
重量：1.4×10^{18}噸

由陸地和大氣中的水聚集而成的球
體積：3900萬立方公里
半徑：210公里
重量：3.9×10^{16}噸

海洋很淺？

插圖為將地球上的海水全部抽光的想像圖。即使把海水組合成球體，半徑也不過700公里左右。而同樣將海水以外的水（陸地和大氣中的水）匯集成球體，半徑約為210公里。

外核

內核

想知道更多
大部分的海底都在水深 200 公尺以下的深海區。

5 地球是擁有海洋的行星

海洋
覆蓋大約70%地球表面的液體水層，厚度（平均水深）約3700公尺。

上部地函

地殼
地球的表層，厚度數公里～數十公里。

下部地函

板塊
包含上部地函的最上層及地殼，會緩慢地移動。厚度約100公里。

地球的內部與海洋層

插圖是擷取地球的一部分並描繪其內部的構造與海水層。海洋平均深度（約3700公尺）與地球半徑（約6400公里）的比率為0.058%左右，小於千分之一。這個數值比蛋殼厚度與雞蛋半徑的比率（約1%）還要低，甚至也小於蛋殼膜（連接蛋殼與蛋白的薄膜）與雞蛋半徑的比率（約0.23%）。

世界最深的馬里亞納海溝有1萬1034公尺深唷！

地圖資料：Reto Stöckli, NASA Earth Observatory

135

07 海水的鹹味來自很早以前就溶解其中的氯化氫

海水之所以是鹹的，是因為鹽溶解於水中的緣故。鹽主要由氯化鈉組成，海水中約80%的鹽是氯化鈉。

氯化鈉是由帶正電的「鈉離子Na⁺」和帶負電的「氯離子Cl⁻」結合所形成。但在海水中，氯化鈉會解離成鈉離子與氯離子。

在海洋形成時，海水中之所以會存在如此多的氯化鈉是有原因的。

當時，地球的大氣層中含有大量的氯化氫（由氯離子與氫離子結合而成）氣體，而最終都溶解於海水中。氯化氫具有很強的溶解物質能力，因此地表岩石中的鈉也開始被溶解。同樣地，地球上大多數的元素也都溶解於海水中。

> 氯與鈉占了壓倒性的多數呢！

想知道更多
我們平常吃的食鹽，成分也幾乎都是氯化鈉。

海水中的含鹽量

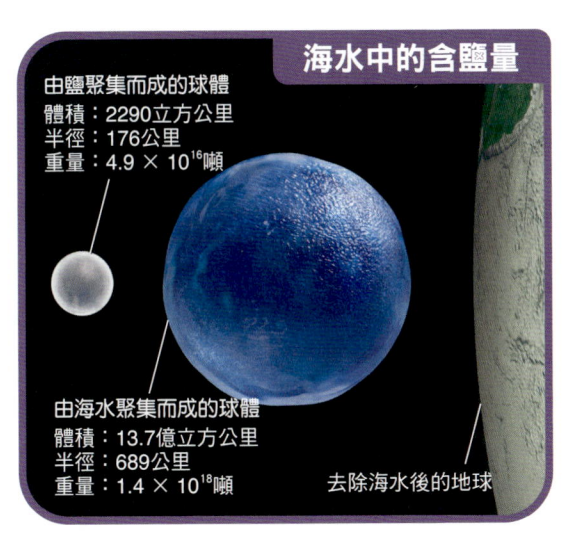

由鹽聚集而成的球體
體積：2290立方公里
半徑：176公里
重量：4.9 × 10^{16}噸

由海水聚集而成的球體
體積：13.7億立方公里
半徑：689公里
重量：1.4 × 10^{18}噸

去除海水後的地球

左圖分別是僅由海水組成的球體，以及海水全部蒸發後製成的鹽球。最右邊的大球為抽光海水後的地球（第134頁）。鹽球的半徑約170公里。

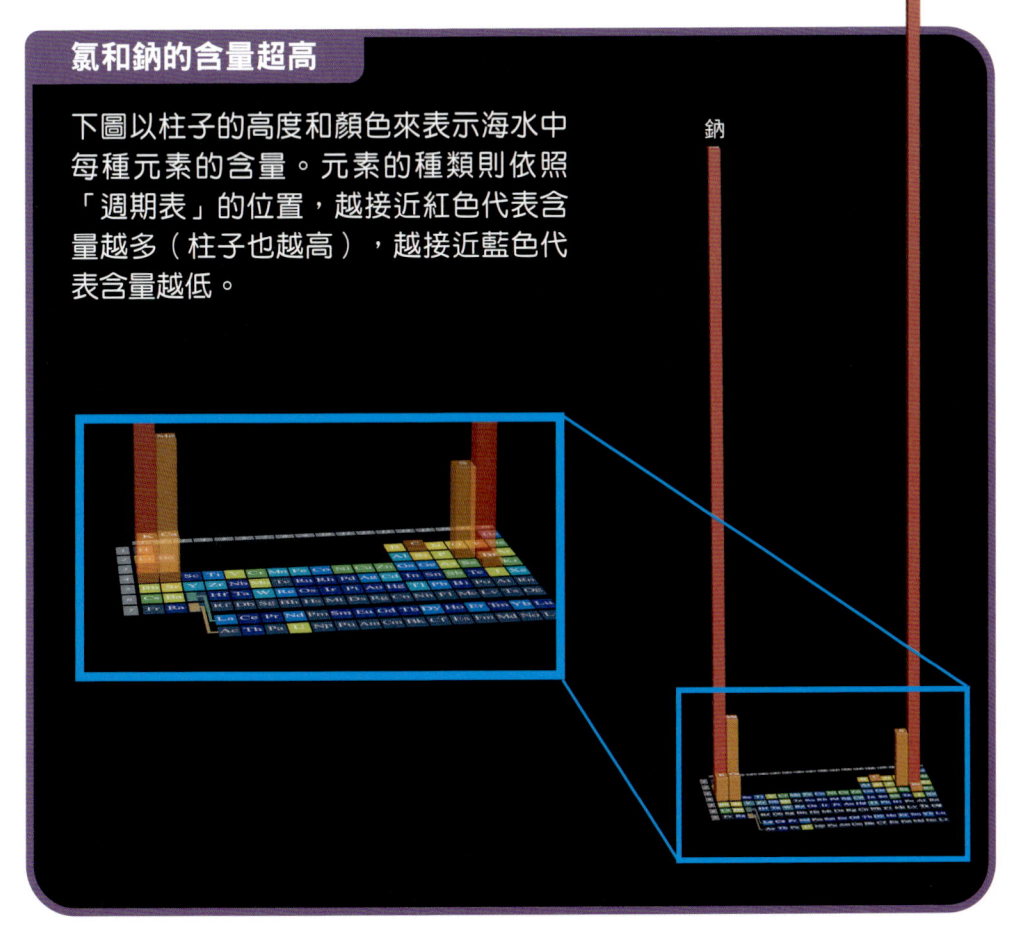

氯

氯和鈉的含量超高

下圖以柱子的高度和顏色來表示海水中每種元素的含量。元素的種類則依照「週期表」的位置，越接近紅色代表含量越多（柱子也越高），越接近藍色代表含量越低。

鈉

5 地球是擁有海洋的行星

137

08 海洋不易降溫是地球氣候溫和的關鍵

　　海洋是生命的「故鄉」。不僅如此，海洋還將地球變成了一個適合於生命生存的環境。海水溫度的穩定，與有利於生命存續的條件息息相關。

　　海洋之所以能夠維持穩定的溫度，是因為具有一旦升溫就不易降溫的性質。

　　有些物質加熱後會馬上升溫，有些物質則不容易升溫。而其中的差異，就取決於物質的「熱容」。熱容是指物質的溫度升高1℃時所需的熱量。編註1

　　熱容大的物質，需要大量的熱能來升溫。而一旦升溫後，也就不容易下降。

　　海洋的熱容很大，即便大氣寒冷也不易降溫。若海洋能保持溫度穩定，便可讓地球維持氣候溫和。

編註1：物體的熱容除以質量就可求得該物體的「比熱容」，簡稱「比熱」，比熱大的物質，受熱或冷卻時，溫度難升難降。水是各種液體中比熱最大的。

編註2：地球大氣的總質量約為 5.15×10^{15} 噸，海水的總質量約為 1.4×10^{18} 噸。

想知道更多

當大氣與海水等量編註2時，海水的熱容是大氣的 4 倍左右。

海洋的溫度變化極小

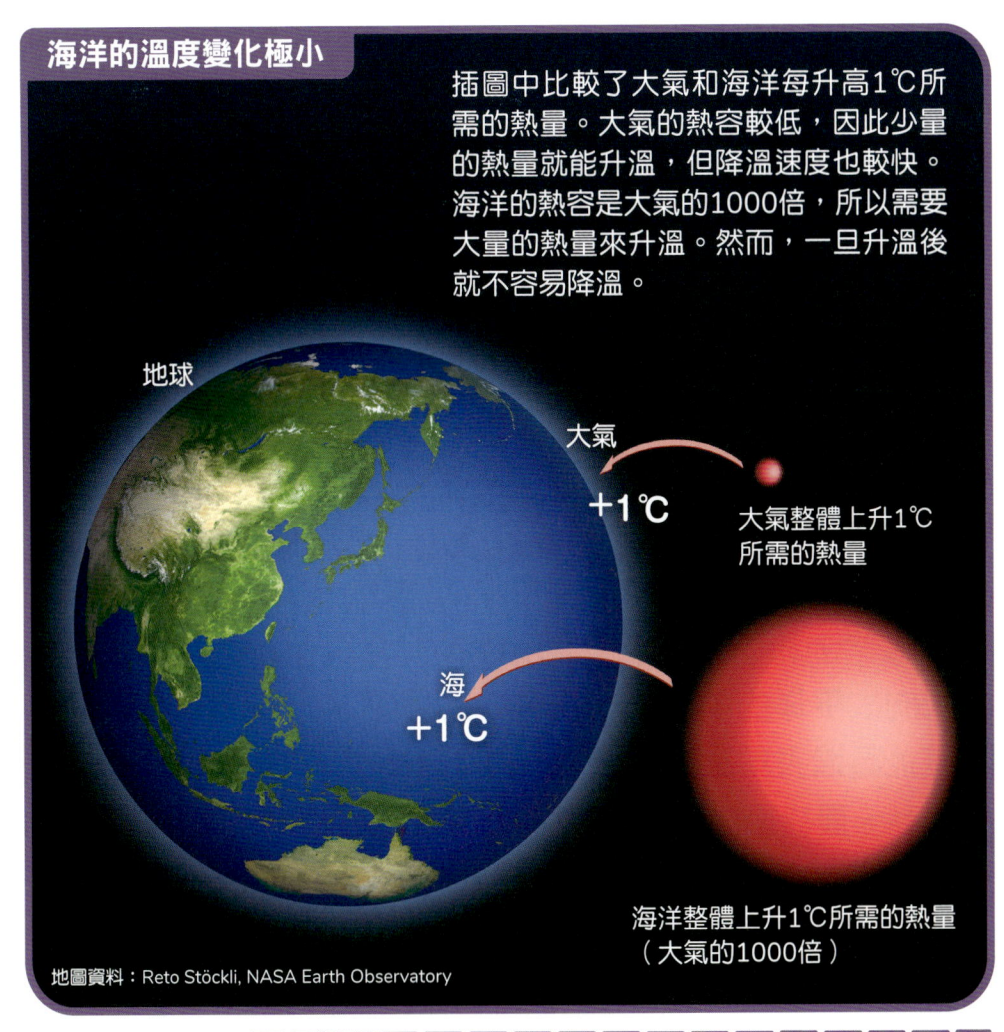

插圖中比較了大氣和海洋每升高1℃所需的熱量。大氣的熱容較低，因此少量的熱量就能升溫，但降溫速度也較快。海洋的熱容是大氣的1000倍，所以需要大量的熱量來升溫。然而，一旦升溫後就不容易降溫。

地球

大氣 +1℃

大氣整體上升1℃所需的熱量

海 +1℃

海洋整體上升1℃所需的熱量（大氣的1000倍）

地圖資料：Reto Stöckli, NASA Earth Observatory

筆記

由於人類的活動，造成大氣中的二氧化碳逐漸增加。隨著二氧化碳引起的溫室效應導致全球暖化，穩定的氣候型態也可能會因此消失。事實上，人類活動排放的二氧化碳約 25% 都是被海洋吸收，其中一部分則成了海面附近浮游生物的身體組成原料。而人類活動造成溫室效應的「熱能」則有 90% 被海洋吸收。

09 洋流會在海平面高低不同處的周圍產生

在海洋中，到處都有被稱為「洋流」（又稱為海流）的水流。

洋流會在海平面高於或低於其他區域的周圍流動。各地的海平面都不太一樣，以太平洋為例，最高點與最低點的差距高達1公尺以上。

造成太平洋海平面高低差異的原因，是被稱為「信風或貿易風」編註」和「西風帶」等風向規律穩定的風。這些風將海水吹向太平洋的中心，使得中心的海平面逐漸隆起，水壓也比其他區域來得高。為了抵消增加的水壓，水開始從中心向外流動，最終形成洋流。

水在海中流動的方向會受到地球自轉的影響，這也正是太平洋的洋流以順時針的方向繞著海平面上升的中心流動的原因。

編註：西方的古代商人經常藉助信風吹送，往來於海上進行貿易，因此「trade wind」有時被譯成「貿易風」，但 trade 這個字源自中古英語，意為 track 或 path。所以「trade wind」原意是「在常軌上的風」。

想知道更多
利用衛星可以精準測量海平面的高度，誤差僅數公分。

地球自轉也是產生洋流的原因喔！

太平洋的洋流與海平面的高低不同

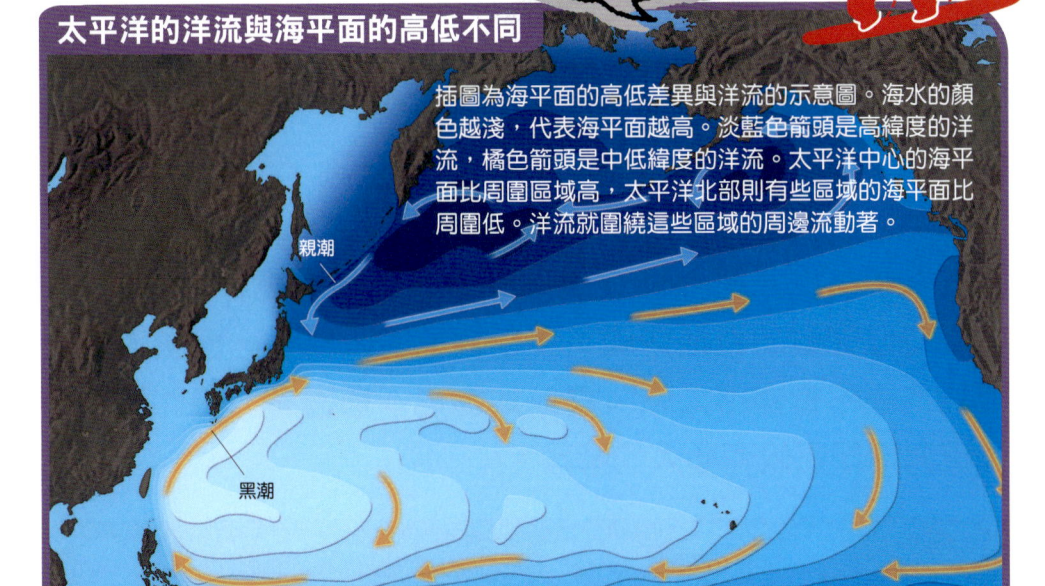

插圖為海平面的高低差異與洋流的示意圖。海水的顏色越淺，代表海平面越高。淡藍色箭頭是高緯度的洋流，橘色箭頭是中低緯度的洋流。太平洋中心的海平面比周圍區域高，太平洋北部則有些區域的海平面比周圍低。洋流就圍繞這些區域的周邊流動著。

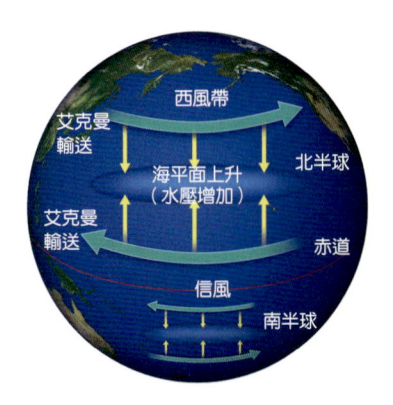

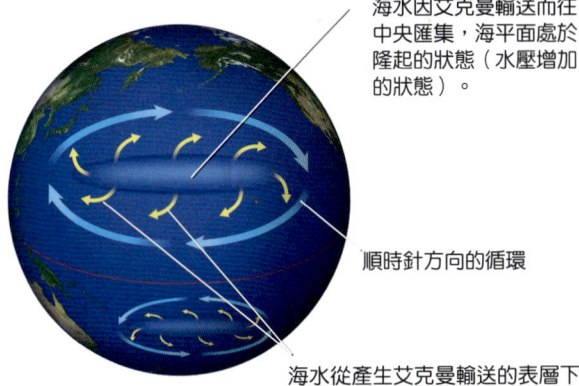

親潮

黑潮

赤道

5 地球是擁有海洋的行星

海水因艾克曼輸送而往中央匯集，海平面處於隆起的狀態（水壓增加的狀態）。

西風帶
艾克曼輸送
北半球
海平面上升（水壓增加）
艾克曼輸送
赤道
信風
南半球

順時針方向的循環

海水從產生艾克曼輸送的表層下方流出，此時水流受到科氏力的影響會往右偏轉。

洋流的生成機制

插圖中描繪了太平洋的海平面是如何上升（左）以及洋流的形成過程（右）。被風吹動的海水因地球自轉的影響（科氏力），流動方向會往風向的右側偏轉（艾克曼輸送）。這也是太平洋中心海平面上升的原因。當海水從中心往外側流動時，由於受到地球自轉效果（科氏力）的影響，水流會逐漸向右側偏轉，最終形成了以順時針方向環繞著太平洋中心流動的洋流。

10 環繞地球的洋流造就了溫暖的氣候

> 南極附近的下沉是因為鹽度提高、密度增加所致。

　　洋流會從赤道附近的低緯度地區帶走大氣中的熱能，然後將熱能運送到靠近北極和南極的高緯度地區（極地地區）。在這樣的效應下，可讓赤道附近的地區不會變得太熱，極地地區也不會過冷。由此可見，洋流對地球氣候有極大的影響。

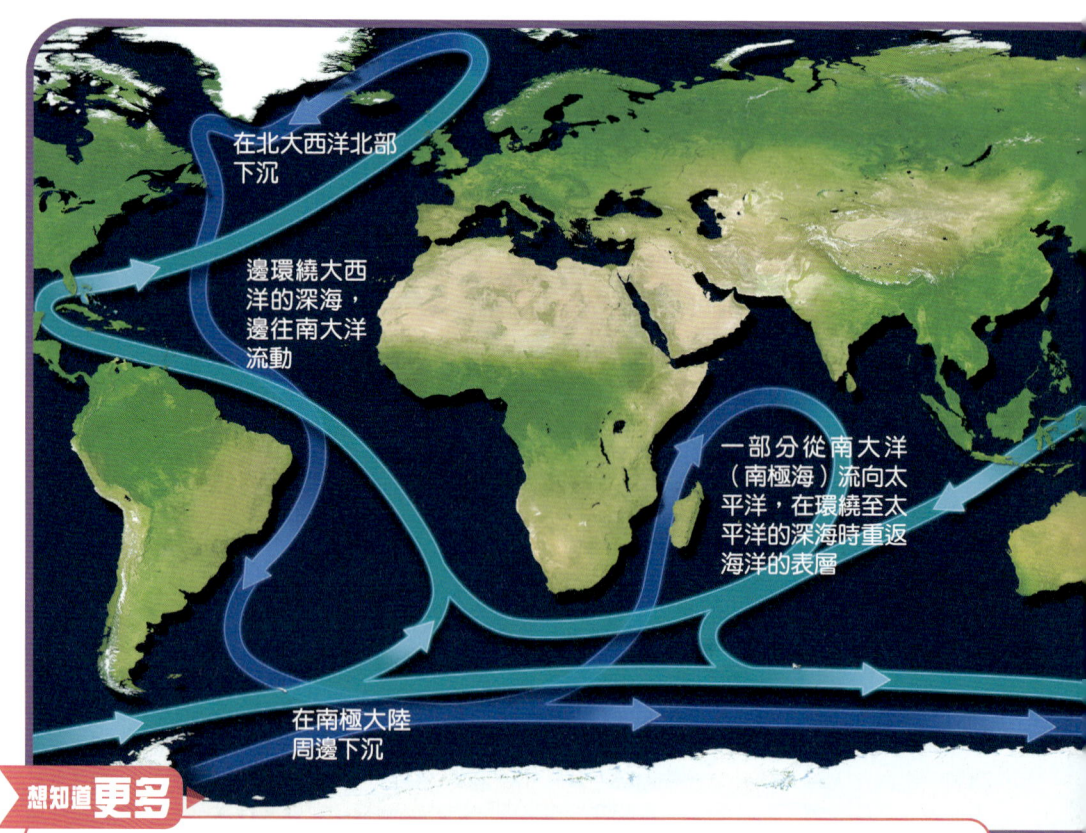

在北大西洋北部下沉

邊環繞大西洋的深海，邊往南大洋流動

一部分從南大洋（南極海）流向太平洋，在環繞至太平洋的深海時重返海洋的表層

在南極大陸周邊下沉

想知道更多
鹽度較高的大西洋比南大洋更容易發生海水下沉喔！

在極地地區失去熱能的海水，會沉入海洋的深處。抵達海洋深處的洋流，於環繞地球廣大海域後，最終返回到海洋的表層。接著，又開始了在赤道附近吸收大氣中的熱能，再將熱能帶往極地地區的循環。

這種從深海到表層蜿蜒環繞著地球的洋流，可使地球的氣候變得溫暖。因為是由海水溫度及鹽度造成的洋流，所以又被稱為「溫鹽環流」。

一部分從南大洋流入印度洋，重返海洋的表層

環繞地球的溫鹽環流

在北大西洋的北部和南極大陸的周圍，冰冷的海水從表層沉入深海。冷水之所以下沉，是因為密度增加、重量變重的緣故。距今約1萬2900年前，地球曾發生過氣候急速變冷的事件。一般認為是北大西洋北部的冰蓋崩塌，使得溫鹽環流停止所致。

下課時間

除了地球之外，還有其他天體擁有海洋嗎？

太陽系中有水的天體，並不是只有地球。然而，幾乎都是以冰的形式存在。

木星的衛星「木衛二」（又稱歐羅巴），就是被認為擁有液態水的天體之一。木衛二的表面被冰層覆蓋，但內部可能有液態鹽水。

有一天，我們或許能夠找到「木衛二海洋」存在的證據。

> 木衛三、冥王星、土衛二也都好像有水唷！

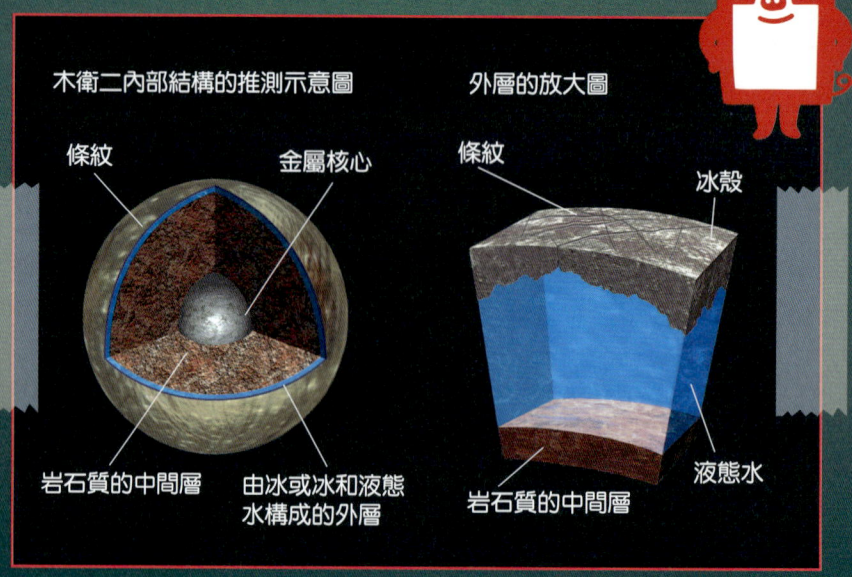

木衛二內部結構的推測示意圖
- 條紋
- 金屬核心
- 岩石質的中間層
- 由冰或冰和液態水構成的外層

外層的放大圖
- 條紋
- 冰殼
- 液態水
- 岩石質的中間層

木衛二的內部可分成三層，「海洋」則位於外層。

第 **6** 節課

因人類活動而變化的地球

地球是一顆神奇的行星,它創造了生命並養育、守護至今。而這樣的地球,目前正面臨重大的變化。接下來就來了解地球究竟發生了什麼事,以及我們該做些什麼。

該守護的是地球?
還是人類?

01 生命得以存續是因為受到地球的保護

地球具有磁場（第40頁）。該磁場可以阻擋從太空落下的「宇宙射線」，以及來自太陽的「太陽風」（第42頁）等粒子不會直接撞擊地球表面。宇宙射線的主要成分為質子。

這些粒子以驚人的速度落至地球，因此對地球生物的身

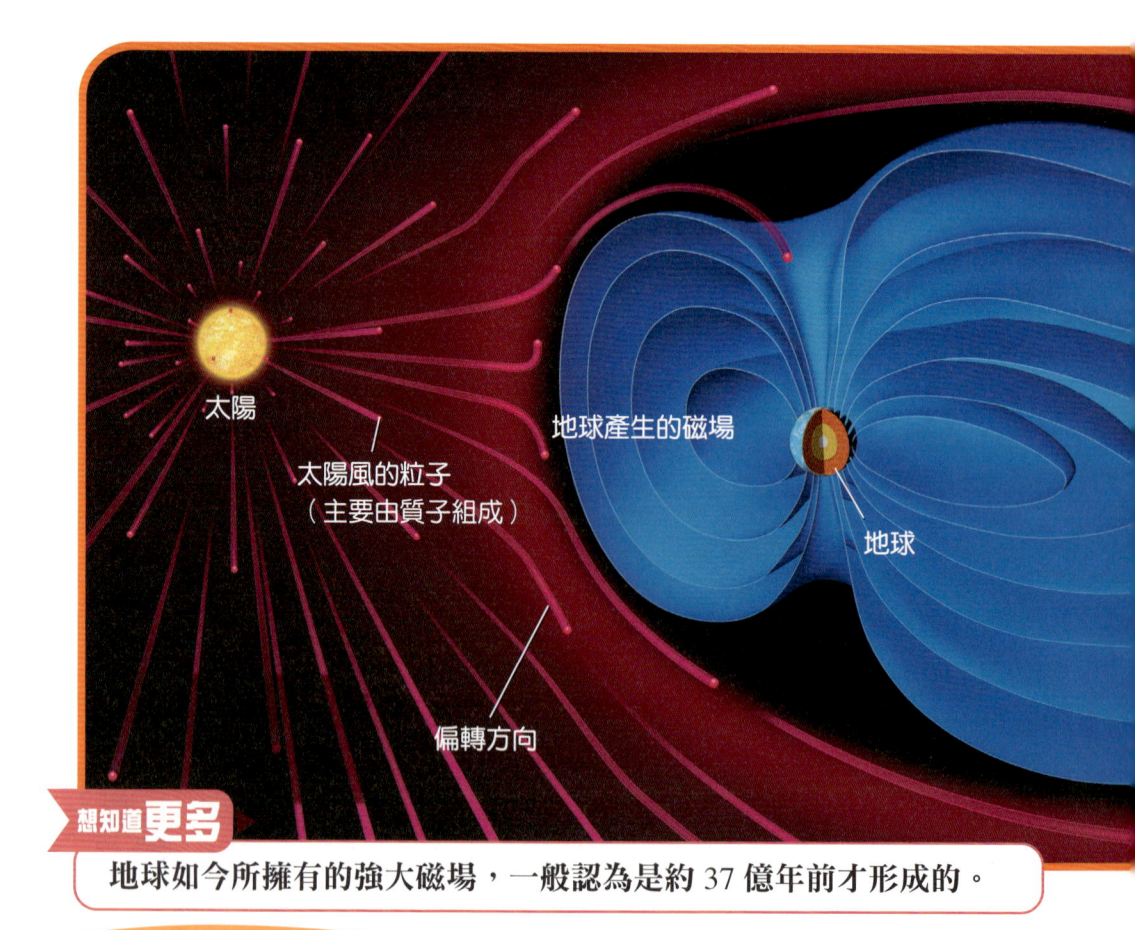

太陽

太陽風的粒子
（主要由質子組成）

地球產生的磁場

地球

偏轉方向

想知道更多

地球如今所擁有的強大磁場，一般認為是約 37 億年前才形成的。

體和DNA來說非常危險。

　　陽光中的紫外線也同樣危險。分布在大氣平流層中的臭氧層（第148頁），可使生物免受紫外線的威脅。大氣層也具有將地表維持在一定溫度讓生命得以存活的功能，亦即溫室效應（第164頁）。

　　假若地球上沒有這樣的機制，大多數的生物可能都無法生存。

保護地球阻擋太陽風的磁場

地球的磁層
（地球磁場影響所及的範圍）

> 據說磁場是在37億年前左右產生的唷！

插圖是來自太陽的太陽風被地球磁場改變方向的模樣。一部分的太陽風被引導到極地地區，成為產生極光（第42頁）的原因。「磁層」即保護地球的磁場範圍，在太陽這一側的厚度是地球半徑的6～10倍，另一側的夜間磁層則被太陽風拖拉至可能達到地球半徑的1000倍。

02 上空的臭氧可以阻擋紫外線到達地面

地球的大氣中有一層「臭氧層」。臭氧是由3個氧原子構成的分子（O_3），我們賴以生存的氧氣則是由2個氧原子構成的分子（O_2）。臭氧主要分布在離地面15～30公里的上空，因此該區域被稱為臭氧層。

有氧氣的地方就會產生臭氧。所以一般認為地球是在約24億～20億年前才出現臭氧層，亦即氧氣含量急速增加的「大氧化事件」（第86頁）之後。

O_3（臭氧）是由O（1個氧原子）和 O_2（氧分子）結合而成。O_2受到紫外線照射會分解成O，而以這種方式生成的O_3經紫外線照射也會分解成O_2和O。在此反應不斷重複下，O_3含量也隨之增加。

多虧在上空有這樣的反應，才能阻擋大量的紫外線到達地面。

想知道更多

大氣中臭氧和氧分子的比例，是由紫外線的強度與氧氣的密度來決定。

臭氧層阻擋紫外線的過程

太陽

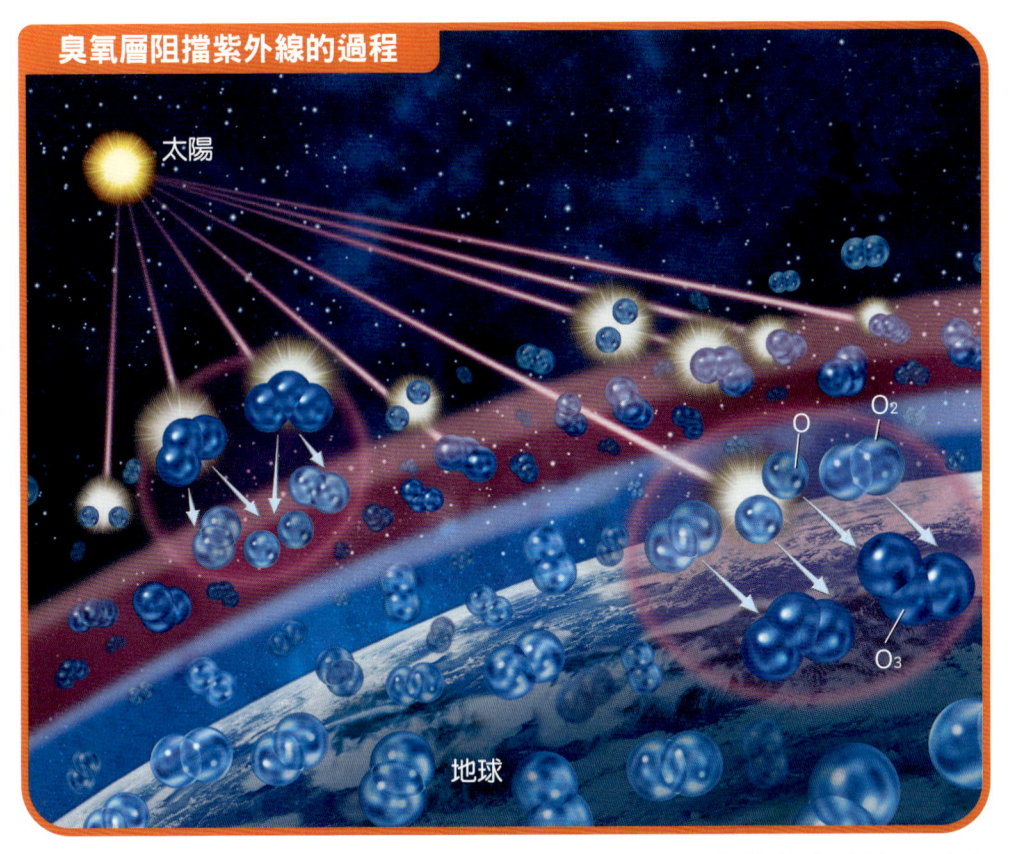

地球

筆記

臭氧層是約 24 億～20 億年前大氧化事件的產物。由於當時地球上的氧氣含量還很少，紫外線可以到達地表，所以臭氧多集中在地表附近。直到約 6 億年前氧氣含量增加後，臭氧層才在如今我們所知的平流層中形成。

能量較低的太陽紫外線會破壞O_3（臭氧），分解成O（氧原子）和O_2（氧分子）。另一方面，能量較高的紫外線會破壞O_2，分解成2個O。當O和O_2結合，就生成了O_3。透過不斷重複此反應，即可阻隔大部分的危險紫外線到達地面。

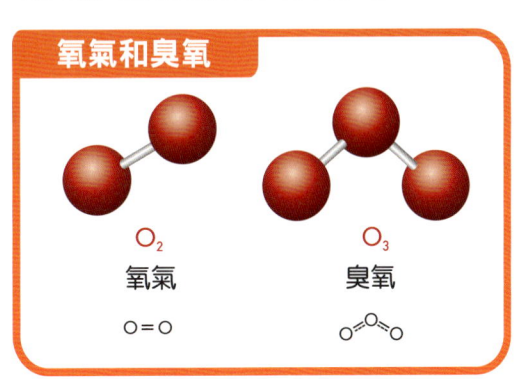

氧氣和臭氧

O_2 氧氣
O＝O

O_3 臭氧
O=O=O

03 破壞臭氧層的氣體是由人類活動所產生

自24億～20億年前以來持續守護地球生命至今的臭氧層，被認為可能是在20世紀時遭到劇烈的破壞。

原因則是用於冰箱等作為冷媒使用的氣體（氟氯碳化物）。氟氯碳化物排放到大氣中，經過紫外線照射後會分解產生氯原子（Cl）。當這些Cl與臭氧（O_3）反應，會形成一氧化氯（ClO）和氧氣（O_2）。由於不斷地重複此反應，才造成臭氧的含量急速減少。

且根據研究顯示南極大陸上空的臭氧洞範圍正在擴大中，所以成了嚴重的環保問題。臭氧洞指的是在臭氧層中臭氧含量特別稀薄的區域。

後來由於已限制氟氯碳化物的使用，臭氧含量的下降幅度趨緩，臭氧洞的面積也逐年在縮小中。

想知道更多
有些用來做為取代氟氯碳化物的氣體也會加速全球暖化。

6 因人類活動而變化的地球

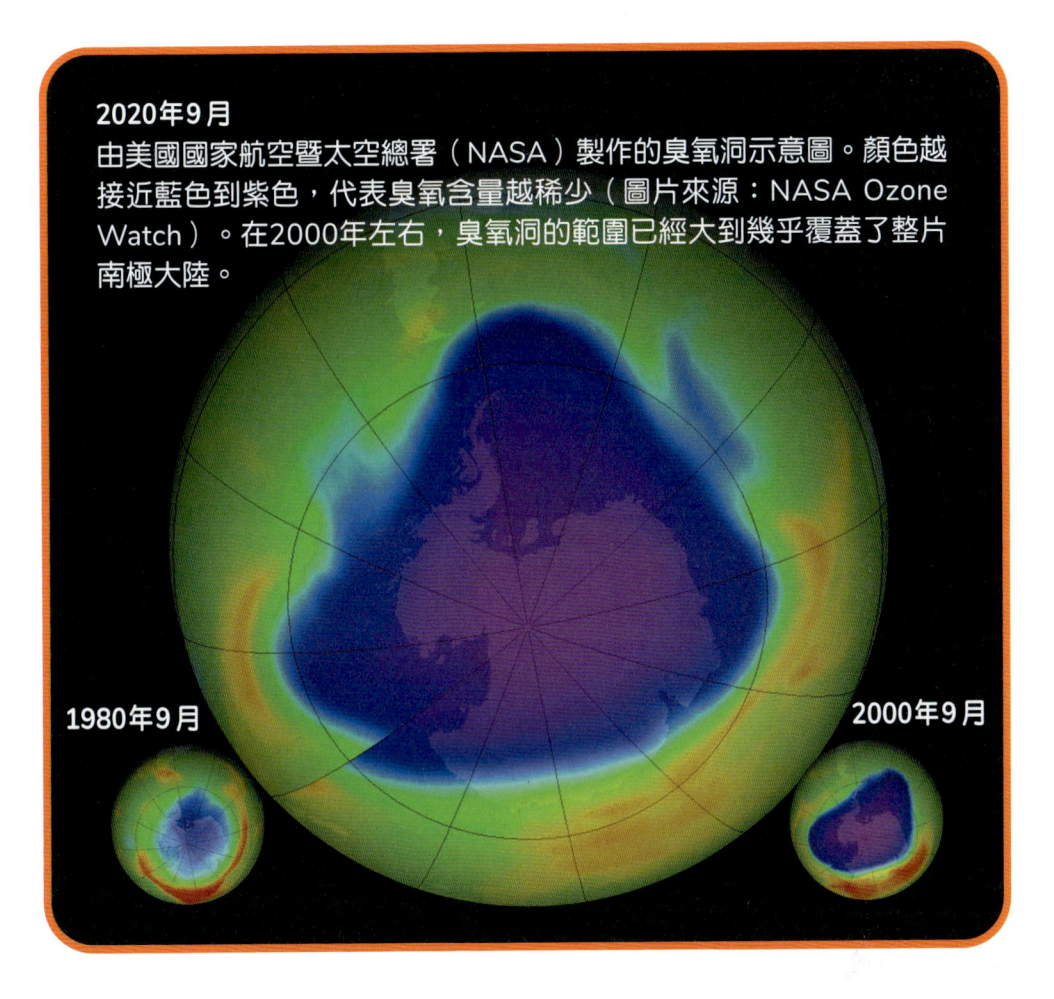

2020年9月
由美國國家航空暨太空總署（NASA）製作的臭氧洞示意圖。顏色越接近藍色到紫色，代表臭氧含量越稀少（圖片來源：NASA Ozone Watch）。在2000年左右，臭氧洞的範圍已經大到幾乎覆蓋了整片南極大陸。

1980年9月　　　　　　　　　　　　　　　2000年9月

插圖為在南極上空平流層中形成的大規模氣旋「極地渦旋」。除了氟氯碳化物之外，氮氧化物也會破壞臭氧層，但當氟氯碳化物與氮氧化物發生反應，就會停止破壞臭氧。然而一到冬天極地渦旋的附近變冷，氮氧化物就會落到地面上。結果使得氟氯碳化物破壞臭氧的反應增加，臭氧洞的範圍也開始擴大。

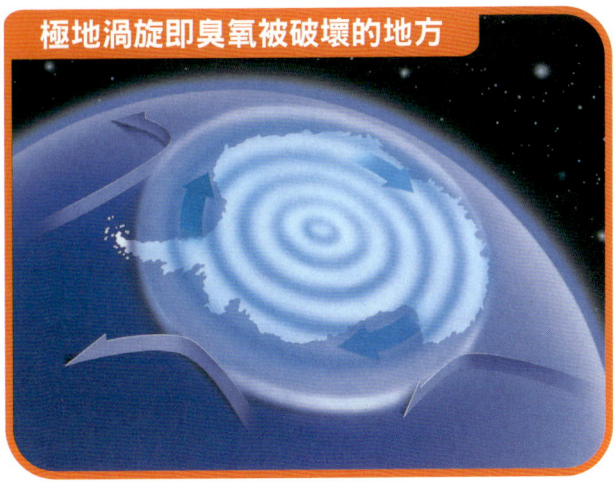

極地渦旋即臭氧被破壞的地方

151

04 與1900年相比全球氣溫已上升了1.64°C

據說,目前全球暖化的速度之快前所未見。

「聯合國政府間氣候變遷專門委員會(IPCC)」是世界各國為因應全球暖化問題而成立的組織。2023年4月,曾公

過去65萬年間CO_2、N_2O、CH_4的濃度變化

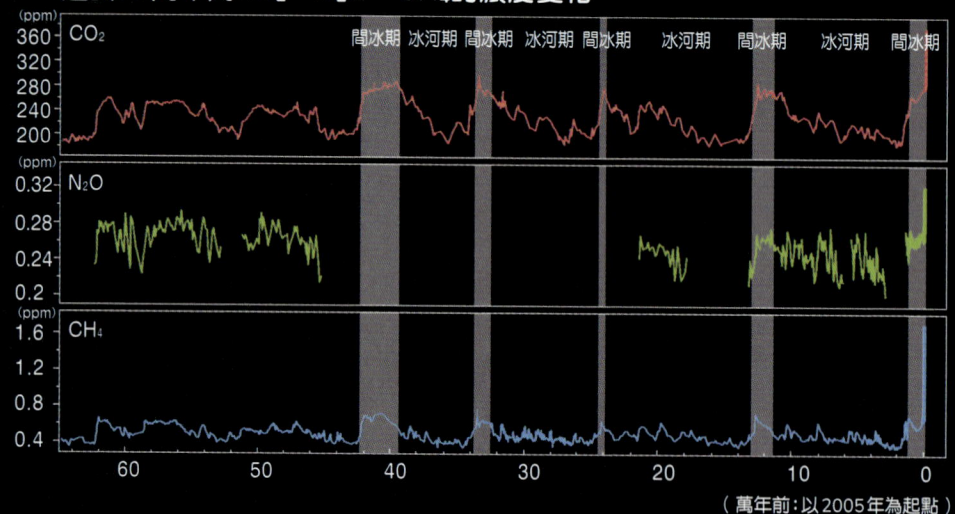

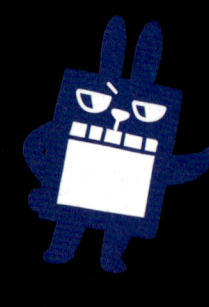

間冰期 冰河期 間冰期 冰河期 間冰期 冰河期 間冰期 冰河期 間冰期

(萬年前:以2005年為起點)

500年

想知道更多

如今的地球環境正以前所未有的速度急遽變化中。

布了一份分析升溫現況的評估報告書。

報告中指出，2011～2020年的全球平均氣溫比起1850～1900年的基準高出了1.1℃，原因則是不斷增加中的二氧化碳等溫室氣體。如果仍持續增加，推估在2040年升溫將超過1.5℃。

筆記

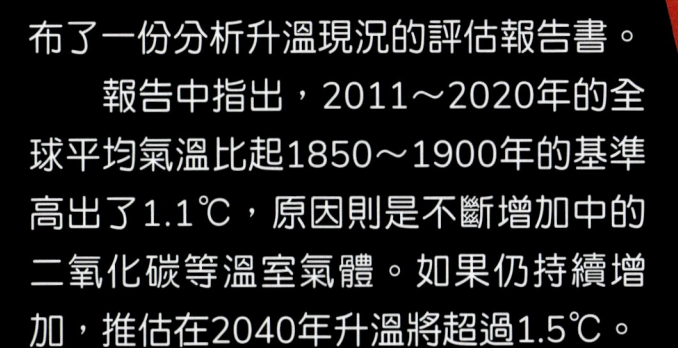

過去2000年來排放的溫室氣體（二氧化碳：CO_2、甲烷：CH_4、一氧化二氮：N_2O）在大氣中的濃度，皆自發生工業革命的18世紀以後急速增加。每種氣體的濃度，也都大幅超出過去65萬年的自然波動範圍。

出處：IPCC第四次評估報告書及第六次評估報告書

6 因人類活動而變化的地球

05 世界各地的氣溫都持續在上升中！

　　一般認為因太陽活動的變化，地球過去的氣溫也跟著呈現上上下下的波動。地球在太陽活動活躍的「極大期」時會升溫變暖，活動減少的「極小期」時則降溫變冷。

　　彷彿呼應此說法般，10～14世紀為溫暖的氣候，但14～

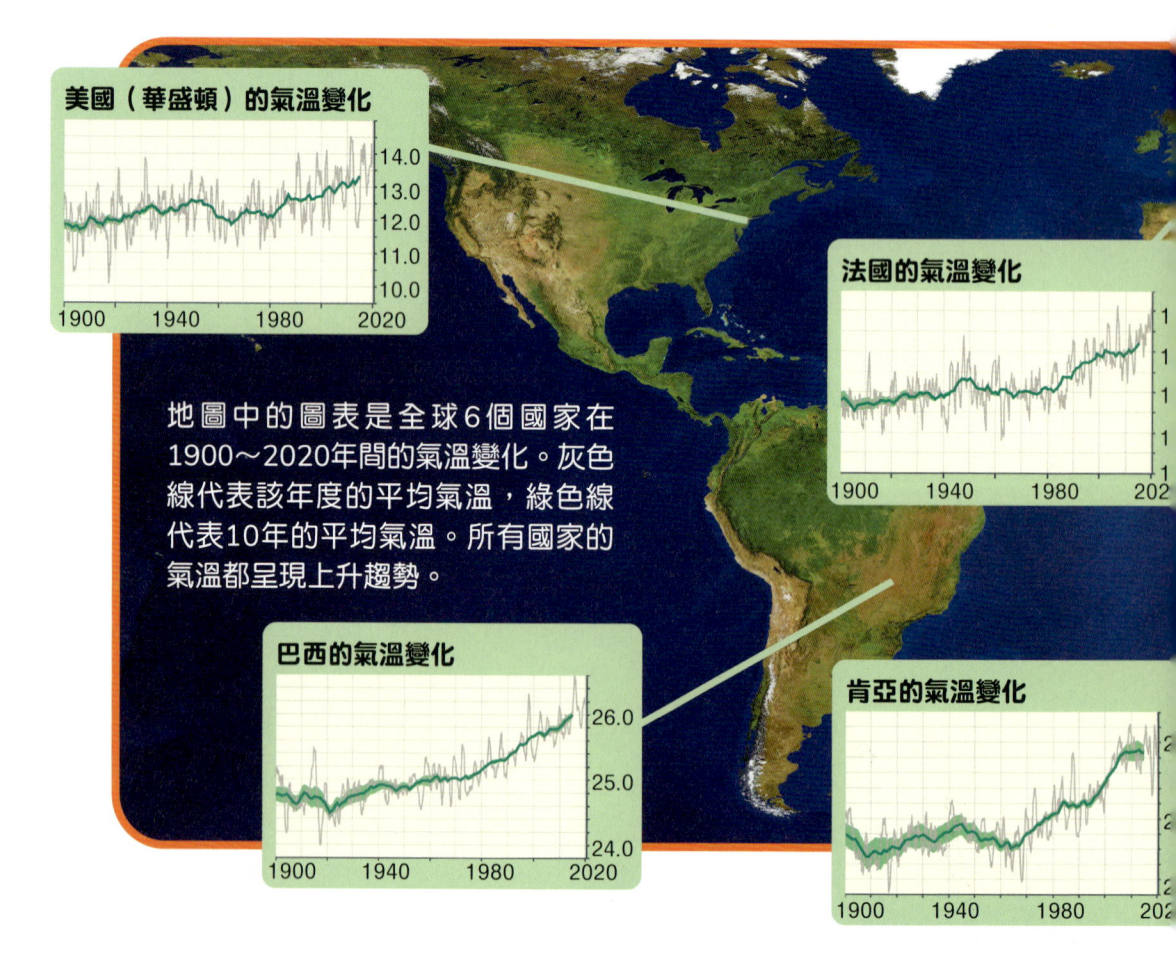

美國（華盛頓）的氣溫變化

法國的氣溫變化

地圖中的圖表是全球6個國家在1900～2020年間的氣溫變化。灰色線代表該年度的平均氣溫，綠色線代表10年的平均氣溫。所有國家的氣溫都呈現上升趨勢。

巴西的氣溫變化

肯亞的氣溫變化

6 因人類活動而變化的地球

17世紀的氣候卻變得寒冷，尤其以北半球最為明顯。

然而當18世紀工業革命展開後，氣溫也隨之快速上升。工業革命開啟了人類大量使用煤炭的時代。

觀察近50年世界各地氣溫的上升情況，可以發現大多數地區的氣溫都呈現上升的趨勢。尤其是歐亞大陸和北美洲，升溫的幅度相當顯著。

世界的平均氣溫也是持續上升唷！

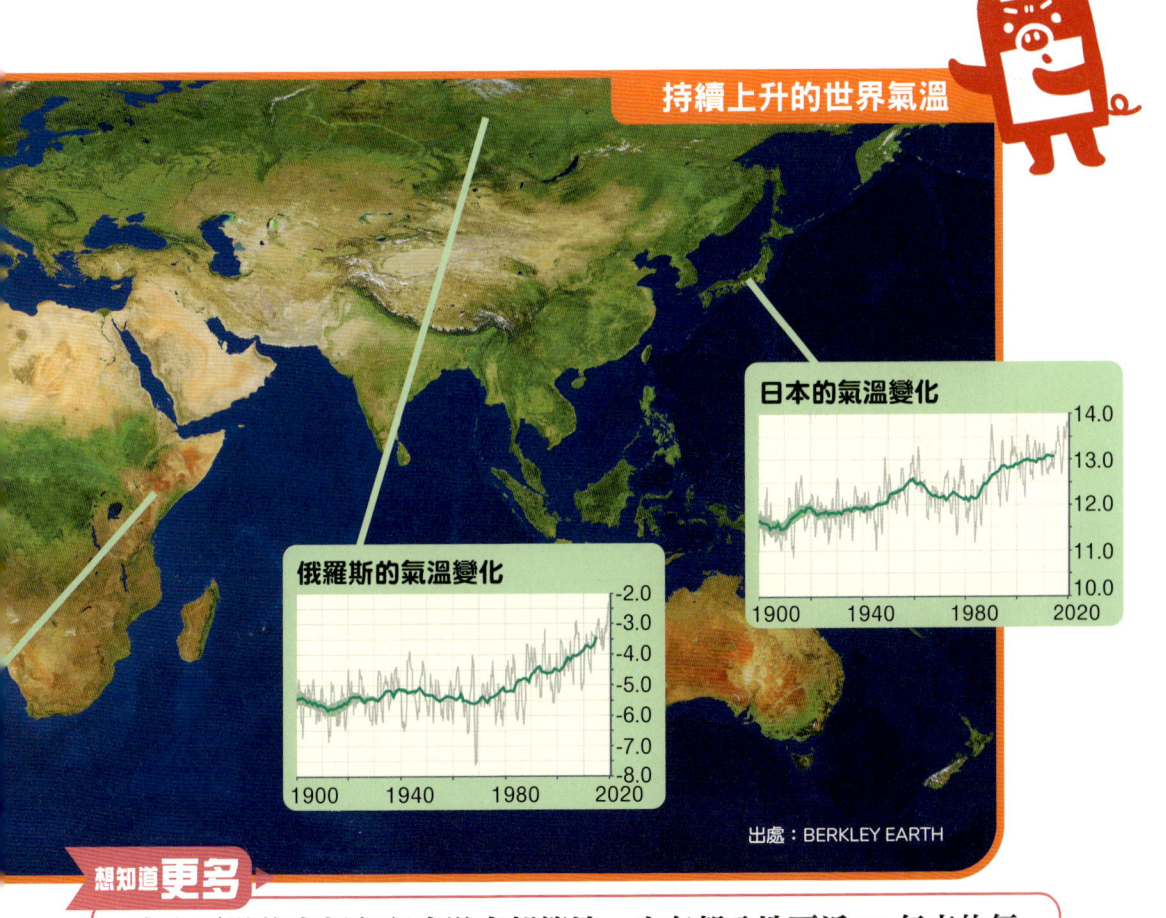

持續上升的世界氣溫

日本的氣溫變化

俄羅斯的氣溫變化

出處：BERKLEY EARTH

想知道更多

南太平洋的東部和印度洋南部等地，也有部分地區近50年來的氣溫是下降的。

06　1901～2018年間海平面上升了20公分

　　如果全球暖化再持續下去，地球會發生什麼事呢？

　　最大的變化就是海平面上升。地球的溫度一旦升高，海水溫度也會跟著上升，使得海水膨脹、體積增加。海水溫度每升高1℃，海平面即上升70公分左右。

　　此外，隨著地球溫度升高，冰河開始融化，水流入海洋後也會造成海平面的上升。

　　根據2021年聯合國政府間氣候變遷專門委員會（第152頁）的「第六次評估報告書」，1901～2018年間世界的平均海平面上升了15～25公分。

　　海平面上升情況的預測值，將取決於今後的溫室氣體排放量。根據美國太空總署噴氣推進實驗室（NASA Jet Propulsion Laboratory）的資料，自1880年以來，海平面平均已經上升了約23公分。若持續排放大量的溫室氣體，則預計到2100年前海平面可能將再上升30～122公分。

> **想知道更多**
> 由於採取了對應措施，至2100年的海平面上升幅度似乎可以控制在32公分以內。

逐漸流失的格陵蘭冰河

冰河是積雪長年累積所形成的冰體。自1971年以來的40年間，除了部分地區外，全世界的冰河體積平均每年約減少2.26×10^{11}噸。而且流失的冰量持續在增加，1993年起的近15年間，每年減少了2.75×10^{11}噸。

海水溫度也在升高中

圖表為1890～2020年間的海水溫度（全球平均）變化。以1981～2010年的平均水溫為基準值，灰色線代表各年的水溫差異，藍色線代表每5年的平均水溫差異，紅色線代表長期的變化趨勢。由圖可知，地球的海水溫度正在逐漸上升中。

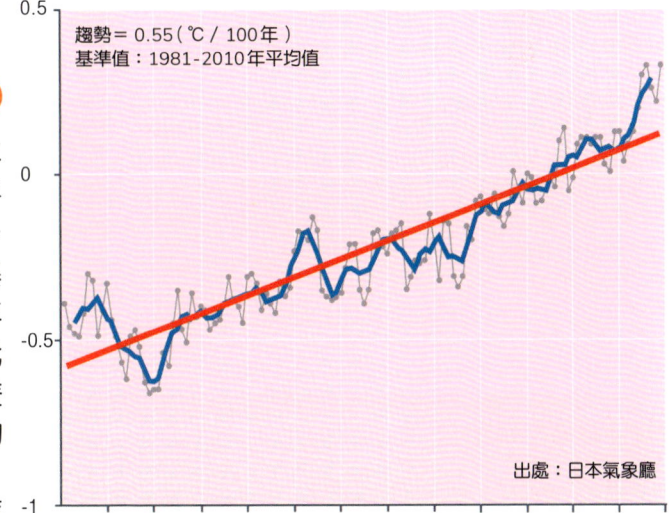

趨勢＝0.55（℃／100年）
基準值：1981-2010年平均值

出處：日本氣象廳

6 因人類活動而變化的地球

下課時間

北極的海冰正在減少中？

靠近北極和南極的地區，每到冬天會有大面積的海水表面凍結成冰。被冰覆蓋的海域稱為「海冰範圍」。

根據一項每年觀察北極和南極地區海冰範圍的研究指出，近50年來北極周邊的海冰範圍約減少了兩成。原因被認為是人類活動所導致的地球暖化。

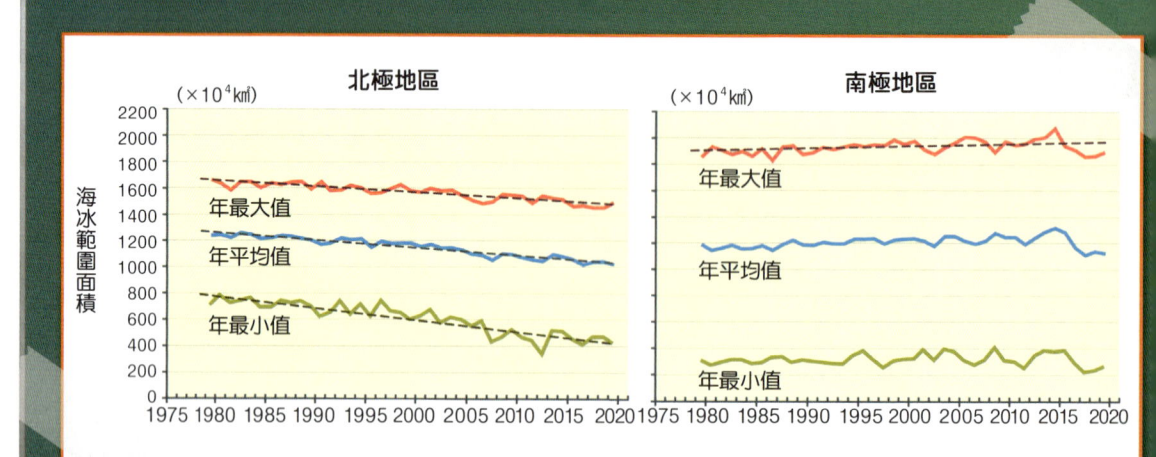

從1979年到2019年的海冰面積變化（虛線代表長期的變化趨勢）

另一方面，已知南極附近的海冰範圍正逐漸增加中，但增加的原因目前尚未釐清。

　　包含北極海冰範圍在內的北極圈是北極熊的棲息地，一旦海冰範圍縮小，北極熊的數量也會持續減少。隨著全球暖化的加劇，預估北極的海冰範圍今後也將繼續縮小，採取必要的對應措施實在刻不容緩。

生活在北極海的北極熊。

07 若無溫室效應,地球氣溫將降至零度以下

　　只要移除大氣中的溫室氣體,就可以阻止全球暖化嗎?事情並沒有那麼簡單。因為地球的氣溫取決於三個要素,分別為「太陽輻射」、「反射率」和「溫室效應」。

　　地球接收來自太陽的能量「太陽輻射」後,可以使溫度升高。但其中一部分會被反射回太空中,此一比率稱為「反射率」。

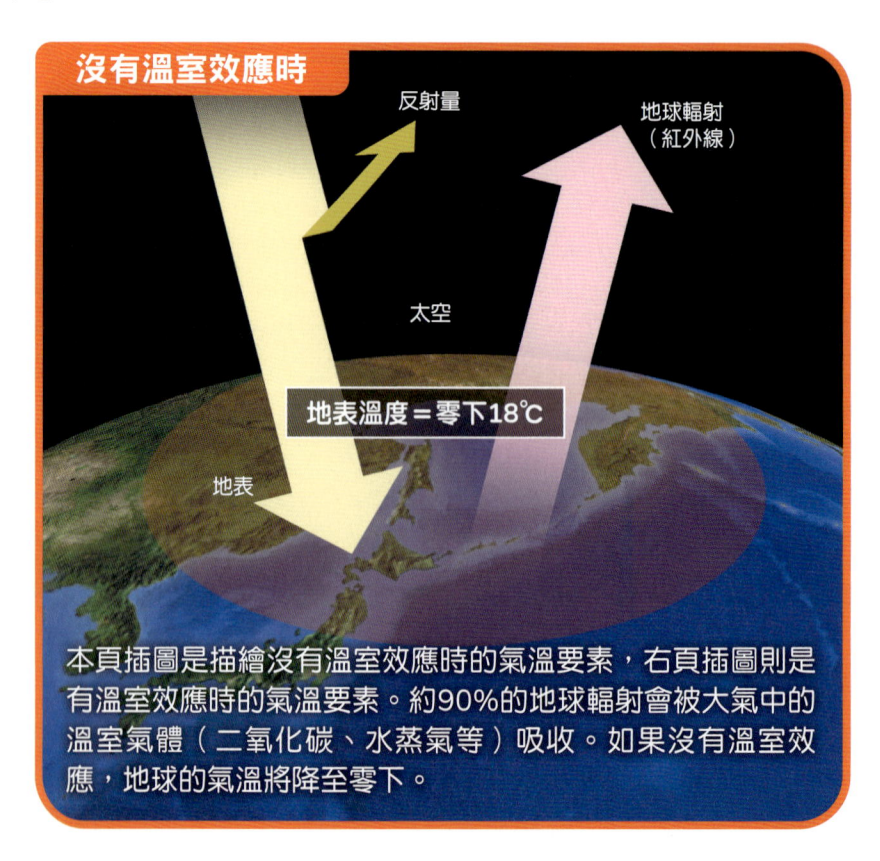

沒有溫室效應時

反射量

地球輻射（紅外線）

太空

地表溫度＝零下18°C

地表

本頁插圖是描繪沒有溫室效應時的氣溫要素,右頁插圖則是有溫室效應時的氣溫要素。約90%的地球輻射會被大氣中的溫室氣體（二氧化碳、水蒸氣等）吸收。如果沒有溫室效應,地球的氣溫將降至零下。

如果不考慮大氣中的溫室效應，地球從太陽吸收的太陽輻射總量與地球再輻射回太空的能量（地球輻射）相等，此時得出的地球溫度將會是零下18℃。

　　然而如果包含溫室效應，地球輻射的能量會在大氣和地表之間反覆來回，並使地球的溫度升高至14℃。在思考暖化的問題時，絕不可忽略這個作用過程。

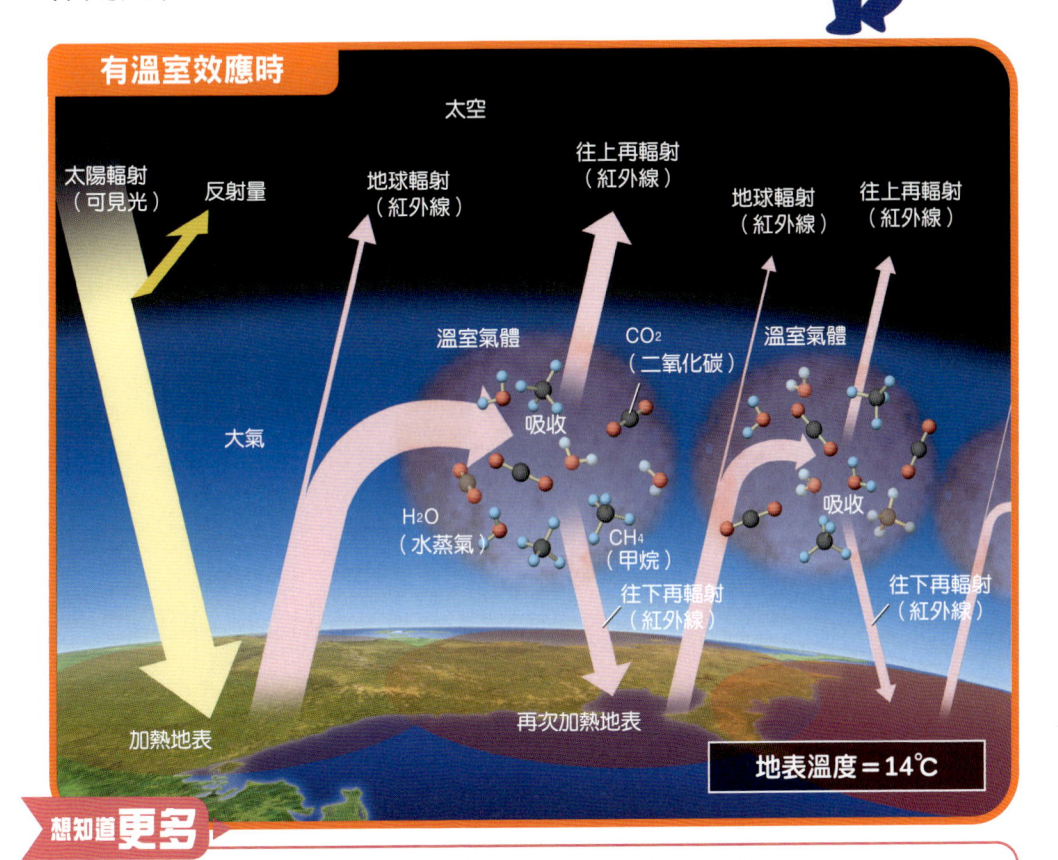

> 沒有溫室效應的話地球會被凍結喔！

有溫室效應時

太空
太陽輻射（可見光）
反射量
地球輻射（紅外線）
往上再輻射（紅外線）
地球輻射（紅外線）
往上再輻射（紅外線）
大氣
溫室氣體
CO_2（二氧化碳）
溫室氣體
吸收
H_2O（水蒸氣）
CH_4（甲烷）
吸收
往下再輻射（紅外線）
往下再輻射（紅外線）
加熱地表
再次加熱地表
地表溫度＝14℃

想知道更多

地球輻射指的是地球往太空發出的紅外線等電磁波。

08 暖化並不是壞事，問題是速度太快

地球過去曾有過多次暖化與寒化的循環。

例如在恐龍繁盛的1億4550萬～6550萬年前，當時的地球比現在要溫暖得多。僅在過去50萬年內，地球就經歷了5

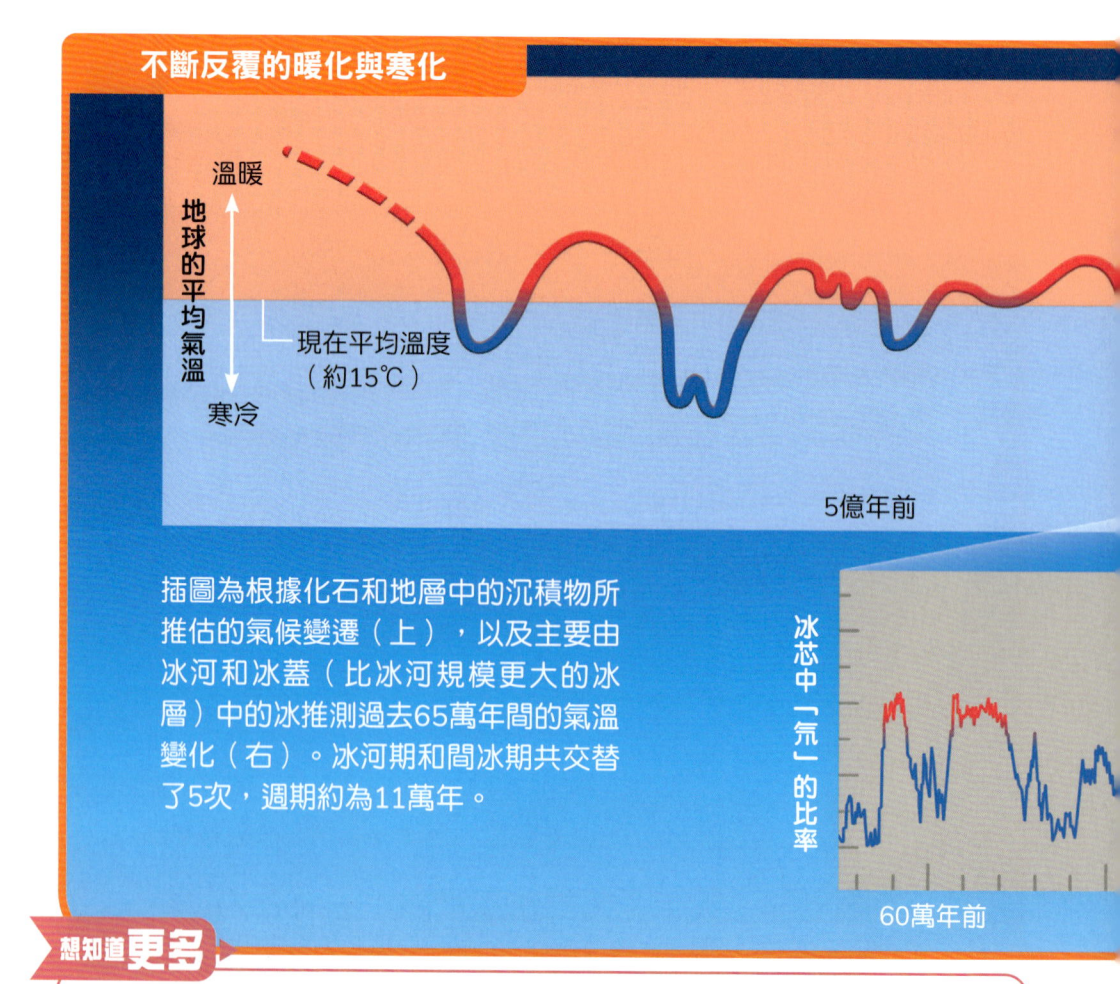

不斷反覆的暖化與寒化

地球的平均氣溫
溫暖
寒冷

現在平均溫度（約15℃）

5億年前

插圖為根據化石和地層中的沉積物所推估的氣候變遷（上），以及主要由冰河和冰蓋（比冰河規模更大的冰層）中的冰推測過去65萬年間的氣溫變化（右）。冰河期和間冰期共交替了5次，週期約為11萬年。

冰芯中「氘」的比率

60萬年前

想知道更多

也可從是否有發現棲息在熱帶的生物化石來判斷過去的氣候。

次溫暖時期和寒冷時期的交替。

寒冷的時期稱為「冰河期」，溫暖的時期稱為「間冰期」。距離現在最近的冰河期，大約在2萬年前結束。之後，地球的溫度升高了5℃，最終進入間冰期並持續至今。

近1萬年來，地球一直保持在溫暖的溫度。穩定的氣候，正是支撐人類能持續發展的關鍵。暖化絕對不是一件「壞事」，問題主要在於目前全球暖化的速度過快。

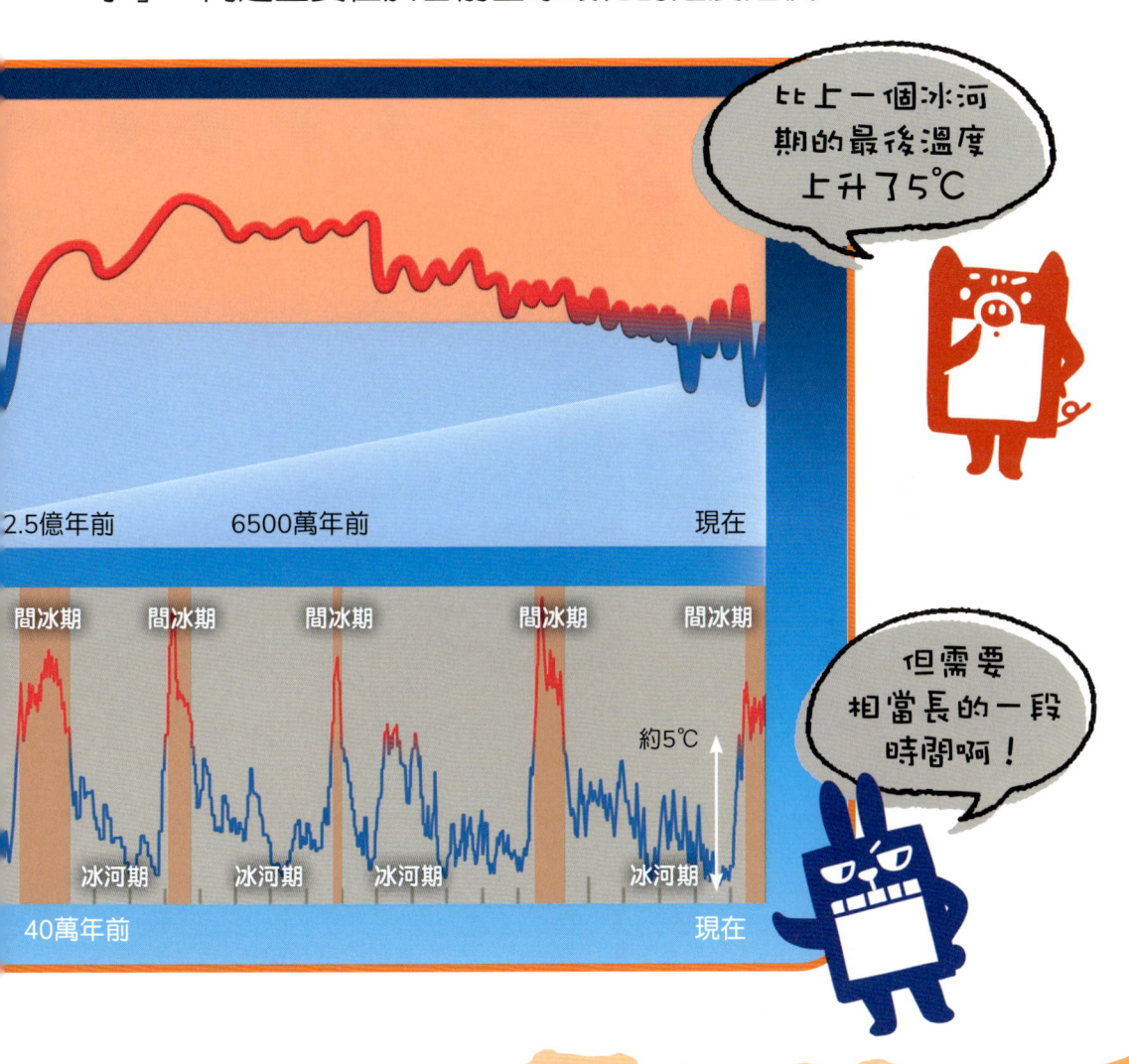

比上一個冰河期的最後溫度上升了5℃

2.5億年前　　6500萬年前　　　　　　　現在

間冰期　　間冰期　　間冰期　　　間冰期　　　間冰期

約5℃

冰河期　　冰河期　　冰河期　　　冰河期

40萬年前　　　　　　　　　　　　現在

但需要相當長的一段時間啊！

09 造成溫室效應的紅外線會在地表和大氣之間往返

溫室氣體究竟是如何讓地球變暖的呢？接下來就透過插圖，邊確認溫室氣體的種類，邊了解「溫室效應」的作用過程吧。

地球在獲得太陽的能量後，以「地球輻射」（第160

吸收紅外線的溫室氣體

插圖為大氣中的溫室氣體（二氧化碳：CO_2、水分子：H_2O、甲烷：CH_4、一氧化二氮：N_2O、氟氯碳化物分子：這裡指的是CFC-12，第150頁）吸收紅外線的示意圖。地球釋放出的紅外線，有部分的波長範圍（波長與物體溫度相對應）難以被二氧化碳、水吸收，此波長範圍被稱為「大氣窗」。然而，甲烷、氟氯碳化物卻會吸收該波長範圍的紅外線，即便只有少量也會增強溫室效應。

受到紅外線照射的二氧化碳分子

C-O鍵結彎曲

紅外線

紅外線越來越難逃離了。

想知道更多
大氣窗的紅外線會以地球輻射（第160頁）的形式釋放至太空。

頁）的形式釋放至太空。該能量指的就是紅外線，為電磁波的一種。

　　大氣中的二氧化碳等溫室氣體，會吸收來自地球的紅外線。吸收紅外線的溫室氣體分子，透過「彎曲振動」或「拉伸振動」變成高能量狀態。接著，該能量再以紅外線的形式向外釋出。

　　從溫室氣體釋出的部分紅外線，會往下再次輻射並加熱地表。此即溫室效應的作用過程。

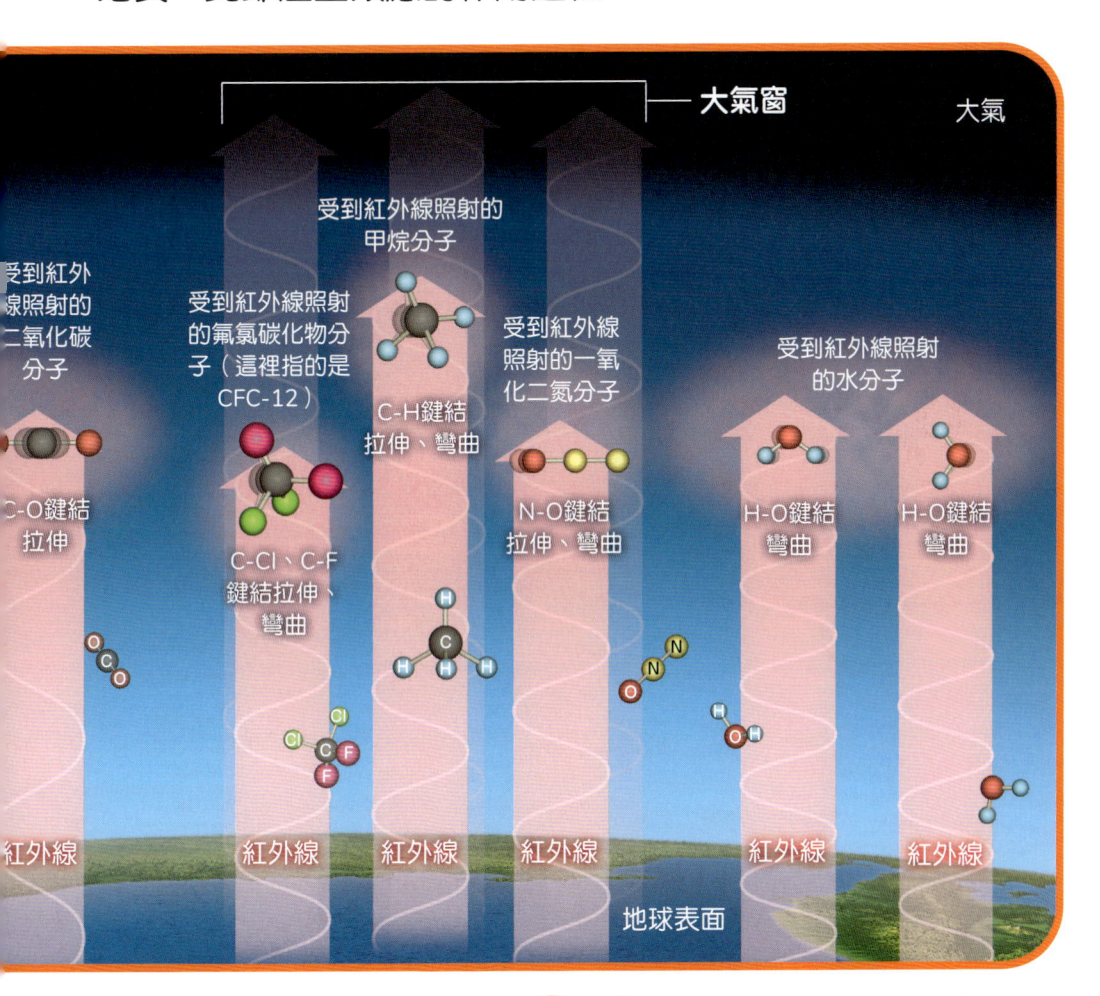

大氣窗　　　　大氣

受到紅外線照射的二氧化碳分子
C-O鍵結拉伸

受到紅外線照射的氟氯碳化物分子（這裡指的是CFC-12）
C-Cl、C-F鍵結拉伸、彎曲

受到紅外線照射的甲烷分子
C-H鍵結拉伸、彎曲

受到紅外線照射的一氧化二氮分子
N-O鍵結拉伸、彎曲

受到紅外線照射的水分子
H-O鍵結彎曲

H-O鍵結彎曲

紅外線　紅外線　紅外線　紅外線　紅外線　紅外線

地球表面

6 因人類活動而變化的地球

10 暖化可能導致傳染病的感染地區擴大

　　一般認為，全球暖化也會對人類的健康和糧食供給等造成影響。

　　對人類健康的影響之一就是傳染病的傳播，尤其是瘧疾、登革熱、西尼羅熱、日本腦炎等藉由病媒蚊叮咬而感染

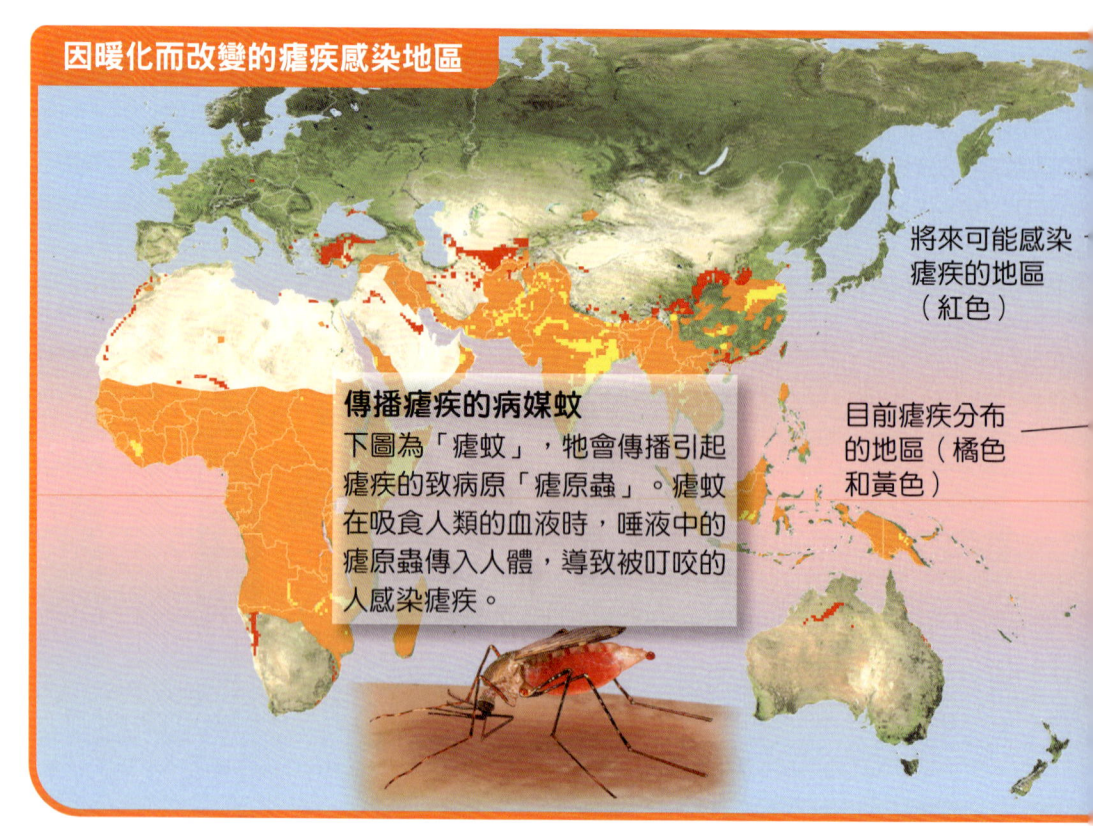

因暖化而改變的瘧疾感染地區

將來可能感染瘧疾的地區（紅色）

目前瘧疾分布的地區（橘色和黃色）

傳播瘧疾的病媒蚊
下圖為「瘧蚊」，牠會傳播引起瘧疾的致病原「瘧原蟲」。瘧蚊在吸食人類的血液時，唾液中的瘧原蟲傳入人體，導致被叮咬的人感染瘧疾。

出處：D.J.Rogers & S.E.Randolph, "The global spread of malaria in a future, warmer world", *Science*, vol. 289, Sep.8, p1763-1766, 2000.
瘧疾感染地區的資料來自WHO, Wkly Epidemiol. Rec. 72, 285-290, 1997。

的傳染病。令人擔心的是，全球暖化可能導致這些傳染病進一步向外蔓延。而實際上，瘧疾已預測將擴散至美國南部及中國西部等地區。

暖化也對全世界的糧食生產造成影響。有些農作物的適宜種植區，因氣候變遷而須轉移到高緯度地區。以日本為例，適合稻米栽種的地區預估會往北移動。

如此一來，農作物的產量將持續下降，並可能面臨飢荒的威脅。

將來可能變成非瘧疾疫區的地方（黃色）

插圖為瘧疾感染地區的示意圖。橘色區塊是1997年時已被確認為瘧疾疫區的地方；紅色區塊是若氣溫平均上升3.45℃，推測2050年時將變成瘧疾疫區的地方。屆時，黃色區塊將從感染地區變為非感染地區。

想知道更多

生活在高緯度地區的生物若因全球暖化而失去棲息地，滅絕的風險就會增加。

11 全世界正採取抗暖化措施以阻止氣溫上升

在IPCC（第152頁）的「第六次評估報告書」中，曾以今後的溫室氣體排放量來預測2100年的氣溫變化幅度。

若溫室氣體的排放量極大，2081～2100年的世界平均氣溫將比1850～1900年間高出3.3～5.7℃。

如前所述，地球暖化被認為是海平面上升及傳染病蔓延的原因。除此之外，乾旱和洪水所造成的災害、海洋酸化導致水產資源的減少，也同樣令人擔憂。

為預防這樣的狀況發生，「聯合國氣候變遷綱要公約」的成員國在2015年通過了《巴黎協議》，目標是將氣溫上升的幅度控制在1.5℃以內。在此協議的規定下，各國皆採取各種因應措施來對抗全球暖化。

> **想知道更多**
> 2022年的全球二氧化碳排放當量為368億噸。

臭氧含量已停止減少

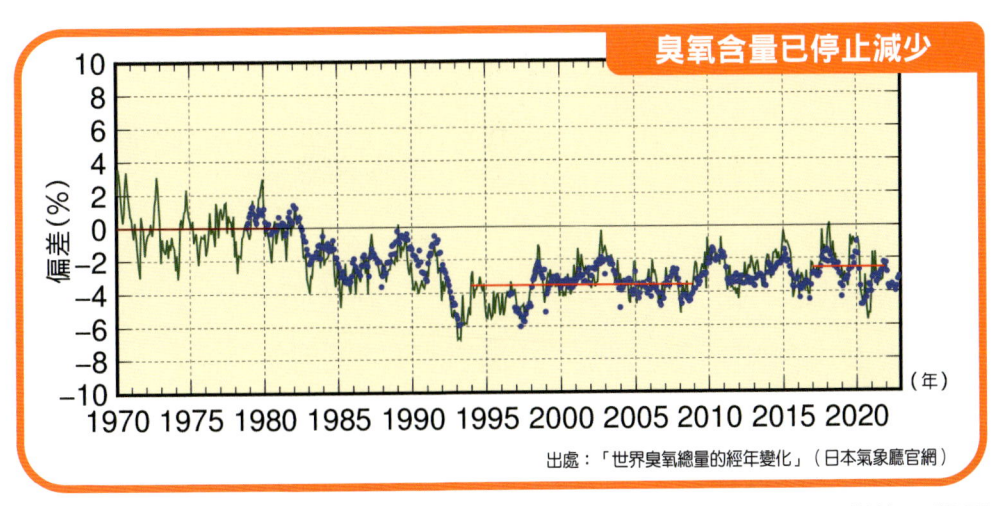

出處：「世界臭氧總量的經年變化」（日本氣象廳官網）

上方圖表是世界臭氧總量的變化。1980年代到1990年代前半期，從地面觀測（綠色線）和衛星觀測（藍色圓點）到的臭氧含量均大幅減少。後來或許是禁用氟氯碳化物等措施見效，臭氧含量已不再繼續減少。然而，與臭氧層尚未被破壞前的1970年代相比，仍處於含量較少的狀態。

日本的排放量呈現下降的趨勢

出處：2020年度溫室氣體排放量（確認值）概要（日本環境省）

上方圖表是日本在2014～2020年間的溫室氣體排放量變化。2020年的排放量（二氧化碳當量）為11.06億噸，比2013年減少了21.5%。基於《巴黎協議》，日本的目標是在2030年將溫室氣體的排放量降至較2013年減少74%。

下課時間

馬爾地夫將沉入海中？

馬爾地夫位於印度洋，是一個由近1200個大大小小的島嶼所組成的國家。陸地總面積約298平方公里，僅其中200多個島嶼有人居住，2022年總人口約52萬人。

馬爾地夫的土地海拔最高處只有2.4公尺，而且約八成土地的海拔都沒有超過1公尺。

根據IPCC的「第六次評估報告書」，若繼續排放大量的溫室氣體，預計到2100年前海平面將升高1公尺以上（第156頁）。如此一來，馬爾地夫有八成的土地會被海水淹沒。

此外，由於馬爾地夫鄰近熱帶低氣壓的生成地區，海平面上升會增加颶風或滿潮造成損害的風險。

馬爾地夫現在的模樣

馬爾地夫沉入海中的想像圖。一旦海平面上升1公尺，幾乎所有的土地都會被海水淹沒。

為因應海平面的上升，打造出了一座增高2公尺的人工島「胡魯馬利」。

十二年國教課綱對照表

頁碼	單元名稱	階段/科目	《兒童伽利略－飛機學校》 十二年國教課綱自然科學領域學習內容架構表
010	地球的生命源自於海底？	國小/自然	INa-II-7　生物需要能量（養分）、陽光、空氣、水和土壤，維持生命、生長與活動。
014	擁有悠久歷史的巨岩	國小/自然	INc-II-9　地表具有岩石、砂、土壤等不同環境，各有特徵，可以分辨。
020	地球位於距離銀河中心約3萬光年之處	國中/地科	Ed-IV-2　我們所在的星系，稱為銀河系，主要是由恆星所組成；太陽是銀河系的成員之一。
		國中/物理	Ea-IV-2　以適當的尺度量測或推估物理量，例如：奈米到光年等。
022	地球是太陽系八大行星的一員	國小/自然	INc-III-15　除了地球外，還有其他行星環繞著太陽運行。
		國中/地科	Fb-IV-1　太陽系由太陽和行星組成，行星均繞太陽公轉。
028	地球的表面覆蓋著十幾個板塊	國中/地科	Ia-IV-2　岩石圈可分為數個板塊。 Ia-IV-3　板塊之間會相互分離或聚合，產生地震、火山和造山運動。
030	山脈和火山都是板塊運動的產物	國中/地科	Ia-IV-3　板塊之間會相互分離或聚合，產生地震、火山和造山運動。
032	巨大地震會發生在板塊的交界處？	國中/地科	Ia-IV-3　板塊之間會相互分離或聚合，產生地震、火山和造山運動。 Ia-IV-4　全球地震、火山分布在特定的地帶，且兩者相當吻合。
036	地球內部的熱對流會讓地函慢慢移動	國小/自然	INa-III-8　熱由高溫處往低溫處傳播，傳播的方式有傳導、對流和輻射。
		國中/地科	Bb-IV-4　熱的傳播方式包含傳導、對流與輻射。 Ia-IV-2　岩石圈可分為數個板塊。 Ia-IV-3　板塊之間會相互分離或聚合，產生地震、火山和造山運動。
040	地球就像根巨大的磁棒	國小/自然	INe-III-9　地球有磁場，會使指北針指向固定方向。
		國中/物理	Kc-IV-3　磁場可以用磁力線表示，磁力線方向即為磁場方向，磁力線越密處磁場越大。
044	地球上97%的水都在海洋中	國小/自然	INc-III-12　地球上的水存在於大氣、海洋、湖泊與地下中。 INd-III-12　自然界的水循環主要由海洋或湖泊表面水的蒸發，經凝結降水，再透過地表水與地下水等傳送回海洋或湖泊。
046	地球的大氣層並非越高空溫度越低	國中/地科	Fa-IV-4　大氣可由溫度變化分層。
048	由大氣環流和洋流所形成的地球氣候	國小/自然	INd-III-11　海水的流動會影響天氣與氣候的變化。
		國中/地科	Ic-IV-2　海流對陸地的氣候會產生影響。
050	地球以前的氣候是如何呢？	國中/跨科	INg-IV-2　大氣組成中的變動氣體有些是溫室氣體。 INg-IV-7　溫室氣體與全球暖化的關係。
		國中/化學	Me-IV-4　溫室氣體與全球暖化。
052	太陽的壽命長到足以讓地球孕育生命	國小/自然	INa-II-6　太陽是地球能量的主要來源，提供生物的生長需要。 INa-II-7　生物需要能量（養分）、陽光、空氣、水和土壤，維持生命、生長與活動。 INa-III-9　植物生長所需的養分是經由光合作用從太陽光獲得的。
		國中/跨科	INg-IV-1　地球上各系統的能量主要來源是太陽，且彼此之間有流動轉換。
		國中/生物	Bd-IV-1　生態系中的能量來源是太陽，能量會經由食物鏈在不同生物間流轉。
054	地球繞著一定的軌道公轉	國中/地科	Fb-IV-1　太陽系由太陽和行星組成，行星均繞太陽公轉。
055	地球「只需」24小時就能轉一圈	國中/地科	Fb-IV-3　月球繞地球公轉。

058	地球上具有能孕育生命的液態水	國小/自然	INa-Ⅱ-7　生物需要能量（養分）、陽光、空氣、水和土壤，維持生命、生長與活動。 INc-Ⅱ-5　水和空氣可以傳送動力讓物體移動。
		國中/生物	Bc-Ⅳ-2　細胞利用養分進行呼吸作用釋放能量，供生物生存所需。 Da-Ⅳ-2　細胞是組成生物體的基本單位。 Db-Ⅳ-2　動物體的循環系統能將體內的物質運輸至各細胞處，並進行物質交換。 Fc-Ⅳ-2　組成生物體的基本層次是細胞。
062	地球的自轉軸擁有絕妙的傾斜角度	國中/地科	Id-Ⅳ-2　陽光照射角度之變化，會造成地表單位面積土地吸收太陽能量的不同。 Id-Ⅳ-3　地球的四季主要是因為地球自轉軸傾斜於地球公轉軌道面而造成。
064	二氧化碳在調節地球氣溫上扮演重要的角色	國中/地科	Fa-Ⅳ-3　大氣的主要成分為氮氣和氧氣，並含有水氣、二氧化碳等變動氣體。
066	地球是太陽系中含氧量最高的行星	國小/自然	INa-Ⅲ-9　植物生長所需的養分是經由光合作用從太陽光獲得的。
		國中/地科	Fa-Ⅳ-3　大氣的主要成分為氮氣和氧氣，並含有水氣、二氧化碳等變動氣體。
072	地球的歷史可大致劃分為前寒武紀及顯生宙	國中/地科	Hb-Ⅳ-1　研究岩層岩性與化石可幫助了解地球的歷史。
		國中/生物	Gb-Ⅳ-1　從地層中發現的化石，可以知道地球上曾經存在許多的生物，但有些生物已經消失了，例如：三葉蟲、恐龍等。
078	月球的引力會導致海平面的升降？	國中/地科	Ic-Ⅳ-1　海水運動包含波浪、海流和潮汐，各有不同的運動方式。 Ic-Ⅳ-4　潮汐變化具有規律性。
080	陸地在40億年前形成，海洋在38億年前出現	國小/自然	INc-Ⅲ-10　地球是由空氣、陸地、海洋及生存於其中的生物所組成的。
084	最初的生命演化成擁有DNA的共同祖先	國中/生物	Fc-Ⅳ-2　組成生物體的基本層次是細胞，而細胞則由醣類、蛋白質及脂質等分子所組成，這些分子則由更小的粒子所組成。
086	地球的氧氣在24億～20億年前急遽增加	國中/地科	Fa-Ⅳ-3　大氣的主要成分為氮氣和氧氣，並含有水氣、二氧化碳等變動氣體。
		國中/生物	Bc-Ⅳ-3　植物利用葉綠體進行光合作用，將二氧化碳和水轉變成醣類養分，並釋出氧氣；養分可供植物本身及動物生長所需。
088	超大陸「妮娜大陸」形成於19億年前	國小/自然	INc-Ⅲ-10　地球是由空氣、陸地、海洋及生存於其中的生物所組成的。
090	約6億年前擁有較大身形的多細胞生物誕生	國中/生物	Da-Ⅳ-3　多細胞個體具有細胞、組織、器官、器官系統等組成層次。
098	2億6000萬年前存在的超大陸「盤古大陸」	國小/自然	INc-Ⅲ-10　地球是由空氣、陸地、海洋及生存於其中的生物所組成的。
		國中/地科	Ia-Ⅳ-2　岩石圈可分為數個板塊。 Ia-Ⅳ-3　板塊之間會相互分離或聚合，產生地震、火山和造山運動。
100	陸地移動和山脈形成皆是由板塊運動所造成	國中/地科	Ia-Ⅳ-2　岩石圈可分為數個板塊。 Ia-Ⅳ-3　板塊之間會相互分離或聚合，產生地震、火山和造山運動。
102	何謂「大陸漂移說」？		
104	火山活動和缺氧導致生物大滅絕？	國中/生物	Gb-Ⅳ-1　從地層中發現的化石，可以知道地球上曾經存在許多的生物，但有些生物已經消失了，例如：三葉蟲、恐龍等。
106	恐龍並非一開始就位居生態系的頂端	國小/自然	INc-Ⅲ-9　不同的環境條件影響生物的種類和分布，以及生物間的食物關係，因而形成不同的生態系。
		國中/生物	La-Ⅳ-1　隨著生物間、生物與環境間的交互作用，生態系中的結構會隨時間改變，形成演替現象。
110	6550萬年前的小行星撞擊造成了恐龍的滅絕	國中/生物	Gb-Ⅳ-1　從地層中發現的化石，可以知道地球上曾經存在許多的生物，但有些生物已經消失了，例如：三葉蟲、恐龍等。
114	聖母峰是5000萬年前因大陸板塊相互碰撞而形成	國中/地科	Ia-Ⅳ-3　板塊之間會相互分離或聚合，產生地震、火山和造山運動。

118	生物約在 41 億～38 億年前誕生，5 億年前所有的現生生物已全數出現	國小 / 自然	INd- III -6　生物種類具有多樣性；生物生存的環境亦具有多樣性。
120	曾經豐饒的生物多樣性正在急速減少中	國中 / 生物	Gc- IV -2　地球上有形形色色的生物，在生態系中擔任不同的角色，發揮不同的功能，有助於維持生態系的穩定。
136	海水的鹹味來自很早以前就溶解其中的氯化氫	國中 / 地科	Fa- IV -5　海水具有不同的成分及特性。
140	洋流會在海平面高低不同處的周圍產生	國中 / 地科	Ib- IV -3　由於地球自轉的關係會造成高、低氣壓空氣的旋轉。
142	環繞地球的洋流造就了溫暖的氣候	國小 / 自然	INd- III -11　海水的流動會影響天氣與氣候的變化。
		國中 / 地科	Ib- IV -3　由於地球自轉的關係會造成高、低氣壓空氣的旋轉。 Ic- IV -2　海流對陸地的氣候會產生影響。
146	生命得以存續是因為受到地球的保護	國小 / 自然	INe- III -9　地球有磁場，會使指北針指向固定方向。
150	破壞臭氧層的氣體是由人類活動所產生	國小 / 自然	INf- II -5　人類活動對環境造成影響。 INf- III -2　科技在生活中的應用與對環境與人體的影響。 INg- III -1　自然景觀和環境一旦被改變或破壞，極難恢復。 INg- III -4　人類的活動會造成氣候變遷，加劇對生態與環境的影響。
		國中 / 跨科	INg- IV -5　生物活動會改變環境，環境改變之後也會影響生物活動。 INg- IV -6　新興科技的發展對自然環境的影響。
		國中 / 地科	Na- IV -6　人類社會的發展必須建立在保護地球自然環境的基礎上。
		國中 / 科技	生 S-IV-2　科技對社會與環境的影響。
152	與 1850～1900 年相比，全球氣溫已上升了 1.64°C	國小 / 自然	INf- II -5　人類活動對環境造成影響。
		國小 / 自然	INg- III -4　人類的活動會造成氣候變遷，加劇對生態與環境的影響。
154	世界各地的氣溫都持續在上升中！	國中 / 跨科	INg- IV -2　大氣組成中的變動氣體有些是溫室氣體。
		國中 / 跨科	INg- IV -7　溫室氣體與全球暖化的關係。
		國中 / 化學	Me- IV -4　溫室氣體與全球暖化。
156	1901～2018 年間海平面上升了 20 公分	國中 / 地科	Nb- IV -2　氣候變遷產生的衝擊有海平面上升、全球暖化、異常降水等現象。
160	若無溫室效應，地球氣溫將降至零度以下	國中 / 跨科	INg- IV -2　大氣組成中的變動氣體有些是溫室氣體。
162	暖化並不是壞事，問題是速度太快	國中 / 跨科	INg- IV -7　溫室氣體與全球暖化的關係。
		國中 / 化學	Me- IV -4　溫室氣體與全球暖化。
166	暖化可能導致傳染病的感染地區擴大	國小 / 自然	INg- III -4　人類的活動會造成氣候變遷，加劇對生態與環境的影響。
		國中 / 跨科	INg- IV -5　生物活動會改變環境，環境改變之後也會影響生物活動。
168	全世界正採取抗暖化措施以阻止氣溫上升	國小 / 自然	INf- II -5　人類活動對環境造成影響。
		國中 / 地科	Na- IV -6　人類社會的發展必須建立在保護地球自然環境的基礎上。
		國中 / 跨科	INg- IV -2　大氣組成中的變動氣體有些是溫室氣體。 INg- IV -7　溫室氣體與全球暖化的關係。
		國中 / 化學	Me- IV -4　溫室氣體與全球暖化。
170	馬爾地夫將沉入海中？	國小 / 自然	INf- II -5　人類活動對環境造成影響。 INg- III -4　人類的活動會造成氣候變遷，加劇對生態與環境的影響。
		國中 / 地科	Na- IV -6　人類社會的發展必須建立在保護地球自然環境的基礎上。

Photograph

10-11	NOAA PMEL EOI PROGRAM
12-13	Rob Bayer/Shutterstock.com
13	JUAN CARLOS MUNOZ/stock.adobe.com
14-15	Phillip Minnis/stock.adobe.com，ronnybas/stock.adobe.com
15	ronnybas/stock.adobe.com
16-17	Galyna Andrushko/Shutterstock.com
18	Steve/stock.adobe.com，Fredy Thürig/stock.adobe.com，porbital/stock.adobe.com
27	NASA Goddard Space Flight Center Image by Reto Stokli (land surface, shallow water, clouds). Enhancements by Robert Simmon (ocean color, compositing, 3D globes, animation). Data and technical support: MODIS Land Group; MODIS Science Data Support Team; MODIS Atmosphere Group; MODIS Ocean Group Additional data: USGS EROS Data Center (topography); USGS Terrestrial Remote Sensing Flagstaff Field Center (Antarctica); Defense Meteorological Satellite Program (city lights)
41	showcake/stock.adobe.com
42-43	NASA
69	NASA's Goddard Space Flight Center Earth Observatory
70	NASA/JPL
107	miglagoa/stock.adobe.com
109	Akkharat J./stock.adobe.com
115	Newton Press
121	Alexandr Vorobev/stock.adobe.com
157	OliverFoerstner/stock.adobe.com
159	Mario Hoppmann/stock.adobe.com
171	aquapix/stock.adobe.com

Illustration

◇キャラクターデザイン　宮川愛理

20~25	Newton Press
27~29	Newton Press
31	木下真一郎
33	Newton Press
35	Newton Press
37	山本 匠
39	Newton Press
41	田中盛穂
45	富﨑NORI，Newton Press
46~49	Newton Press
50	重治
52-53	Newton Press
55	小林 稔
57	小林 稔
58~69	Newton Press
72~77	Newton Press
79	富﨑NORI
81~89	Newton Press
91	Newton Press，山本 匠
93	藤井康文
94-95	小谷晃司
96	Newton Press
99	Newton Press，Manuel Mata/stock.adobe.com
100-101	Newton Press
103	maciek905/stock.adobe.com
104-105	Newton Press
107	立花 一
109	藤井康文
111	山本 匠，harvepino/stock.adobe.com
112-113	藤井康文
115	Peter Hermes Furian/stock.adobe.com
116-117	中西立太
118-119	Newton Press
120-121	月本佳代美
122	月本事務所
124-125	Newton Press
127	黒田清桐，Newton Press
129	カサネ・治，tigatelu/stock.adobe.com
131~133	Newton Press
134~139	Newton Press（地図データ：Reto Stöckli, NASA Earth Observatory）
141	Newton Press，Newton Press（地図データ：Reto Stöckli, NASA Earth Observatory）
142-143	Newton Press（地図データ：Reto Stöckli, NASA Earth Observatory）
144	Newton Press
146-147	Newton Press
149	Newton Press，Peter Hermes Furian/stock.adobe.com
151	NASA Ozone Watch，奥本裕志
152-153	Newton Press
154-155	maciek905/stock.adobe.com，Newton Press
157~158	Newton Press
160~171	Newton Press

國家圖書館出版品預行編目(CIP)資料

地球學校 / 日本Newton Press作；許懷文翻譯. --
第一版. -- 新北市：人人出版股份有限公司, 2025.04
　　面；　公分. -- (兒童伽利略；6)
ISBN 978-986-461-434-9(平裝)

1.CST: 地球科學　2.CST: 通俗作品

350　　　　　　　　　　　　　　114002554

兒童伽利略❻

地球學校

作者／日本Newton Press

翻譯／許懷文

審訂／王存立

發行人／周元白

出版者／人人出版股份有限公司

地址／231028新北市新店區寶橋路235巷6弄6號7樓

電話／(02)2918-3366（代表號）

傳真／(02)2914-0000

網址／www.jjp.com.tw

郵政劃撥帳號／16402311人人出版股份有限公司

製版印刷／長城製版印刷股份有限公司

電話／(02)2918-3366（代表號）

香港經銷商／一代匯集

電話／（852）2783-8102

第一版第一刷／2025年4月

定價／新台幣400元

港幣133元

NEWTON KAGAKU NO GAKKO SERIES CHIKYU NO GAKKO
Copyright © Newton Press 2023
Chinese translation rights in complex characters arranged with
Newton Press
through Japan UNI Agency, Inc., Tokyo
www.newtonpress.co.jp

●著作權所有　翻印必究●